从0到1有多远

世界上到处都是有才华的穷人

郑一◎编著

中国纺织出版社

内 容 提 要

人们由穷到富，是一个不断积累、实现质变的过程。就如0到1和1到100一样，前者是一个质的改变，而后者仅仅是一个量的积累。没有1，再多的0都没有意义。本书为读者丈量了从穷到富的真实距离：0到1，重点分析让人实现质变的几大因素，让读者找到穷的原因，发现富的机遇，从而成就自己的财富梦想和幸福生活。

图书在版编目（CIP）数据

从0到1有多远：世界上到处都是有才华的穷人 / 领航编著. -- 北京 ：中国纺织出版社，2017.5（2023.1重印）

ISBN 978-7-5180-3231-0

Ⅰ.①从… Ⅱ.①领… Ⅲ.①成功心理—通俗读物 Ⅳ.①B848.4-49

中国版本图书馆 CIP 数据核字(2017)第 019310 号

责任编辑：闫星　　责任印制：储志伟

中国纺织出版社出版发行

地址：北京市朝阳区百子湾东里 A407 号楼　邮政编码：100124

销售电话：010—67004422　传真：010—87155801

http://www.c-textilep.com

E-mail:faxing@c-textilep.com

佳兴达印刷（天津）有限公司印刷　　各地新华书店经销

中国纺织出版社天猫旗舰店

官方微博 http://weibo.com/2119887771

2017 年 5 月第 1 版　　2023年 1 月第 5 次印刷

开本：710×1000　1/16　印张：18

字数：240 千字　定价：49.80 元

序言 PREFACE

现实生活中，大概每个人都想获得成功，都想拥有财富，但并不是所有人都能实现财富梦。对此，一些人可能会说，成功者有个富爸爸、含着金钥匙出生，而一些人之所以依旧贫穷，是因为起点低，没有资金，没有人际关系。然而，我们可以发现的是，大部分的致富成功者，都是白手起家，都是从0开始创业的；也许还有人说，成功者是因为命运垂青，机缘巧合获得财富，失败者怀才不遇而已；这里，我们也要说的是，天上不会掉馅饼，机遇是自己创造的，也是留给有准备的人的，从0开始致富的成功者，他们也无不是有着积极主动的致富心态，无论创业过程中遇到什么困难，他们从不熄灭内心的财富梦……

我们可以说，每一位富豪的成功都不是偶然，其成功背后都有一套致富方法。他们人有着致富能力和良好的致富心态，他们懂得如何将资本运作起来，敢于冒险、主动尝试、有着强有力的执行力，懂得"钱生钱"的道理，更看重人际关系经营在致富过中的重要性，而这也是很多白手起家的创业者们成功的原因。

相反，我们发现，在我们生活的周围，不少年轻人也渴望致富，但他们总是守着自己的一亩三分地，为生活琐事而奔波，将精力耗费在如何精打细算过日子上，他们看似忙碌，却很少有成效，他们做事拖延、胆小、缺乏勇气、吃不了苦、目光短浅等。而最终，他们只能平平常常过一辈子。

所以，在我们羡慕那些成功创富的人的同时，更要吸收他们的创业精神以及闪光的智慧、独特的创业和巧妙的营销手段等。

当然，最终，我们需要将自己所吸取的创业知识运用到具体的实践中。此时，我们急需一个导师来指导我们如何前行。而本书就是这样一个导师。阅读本书，你会发现，书中不只是讲解各种成功的理念，还有一些白手起家

的创业者们的创业实例和心灵感悟，书中的每个案例，都向我们展示了那些成功人士由白手起家到富甲一方的创业经验，内容通俗、实用、可续。旨在培养你创富的胆量、敏锐的眼光、灵活的经营思路、过人的财技和对经营方式的巧妙运作能力。

另外，本书不仅是针对那些渴望致富的人们，任何行业、任何职业都可以从中获取精神财富。特别是社会竞争如此积累的今天，不只企业最初的创始人是创业者，我们每个人都应该有创业意识，因为创业精神是共同的财富，是永远都可以激励人心的力量。每一个渴望改变自己命运的人每时每刻都需要这种创业精神。

如果你已经成功，阅读本书能够让你更加成功，能够更长久地成功；如果你还是一个努力奋斗的普通人。那么阅读本书会让你豁然开朗，明白成功的秘诀！

编著者

2015 年 11 月

目录 CONTENTS

【第一章】 从 0 到 1 >>>>>

质变的累积造就财富的突破

【第二章】 0.1 >>>>>

多做一点:从无到有只是一点点差别

目录
CONTENTS

目录 CONTENTS

目录 CONTENTS

第一章

从0到1

质变的累积造就财富的突破

犹太人有句财富谚语：从0到1的距离，大于从1到1000的距离。乍一看，不容易理解，仔细寻味，方能体会其中的奥妙。财富有着奇特的内在规律，不得其门而入，就只能徘徊在“0~1”之间的痛苦地带。而1则代表着一个人已经完成了从无到有的质的飞跃，无论从思想观念还是做事的方法上都已迈向准富人的轨道，以后只是一个积累的过程，相对就容易得多。所以穷人要致富，能不能完成第一桶金的突破，是关键因素之一。

从0到1比从1到2困难得多

很多穷人缺乏把握命运的主动性，大部分时间都在浑浑噩噩地混日子，以微薄的薪水维持着年复一年的基本生活，从“0”开始，又以“0”结束。而“1”代表着一种从无到有、从落后到进取的突破，穷人们接受挑战并有了第一次收获之后，生命就会进入一个新的境界。

我们可以把“0”比喻为穷人，而“1”就是已经在创富的道路上取得了初步的成功，拥有了事业基础的人。“10”代表着“1”的财富基数的增长，可以算是站在某一行业顶点的风云人物。从“0”到“1”的数字距离虽短，却是一种从无到有的突破。

我们发现几乎所有的财富巨子都对自己的原始积累感触颇深，认为是自己人生最为难忘的岁月。美国的石油大王保罗·盖蒂说：“多数富豪对自己的财产毫不关心，但对挣到第一桶金的感觉却难以忘怀。”这“第一桶金”可大可小，意义却都非比寻常。掘金成功，代表着一个人的创富能力得到了现实的检验，从此他的思维方式、胆识和眼光都与从前大不相同，信心足，干劲大，做什么都会顺手，从发小财到发大财已是顺理成章的事儿。所以说从“1”到“10”只是量变，是一个逐渐积累的过程，而从“0”到“1”却飞越了“无”与“有”、“穷”与“富”的壕沟，属于质的改变，相对就困难得多了。人们常说万事开头难，对于一个还没有找到自己的事业轨道的穷人来说，可能只是在无目的、无意识的奔忙中，半辈子的光阴就已经过去了。

古人云“穷则思变”，这里的“穷”有穷途末路的意思，实在走不下去的时候，不由得你不发愤图强改变现状。反过来，现在社会上某些庸庸碌碌的穷人们，主要对危机和压力认识不够，没有改变现状的意识，哪来改变的动力？今天我们虽然把穷人比喻为“0”，但相信这里面没有那种绝对意义上的赤贫，吃饱穿暖，对每个人来说都不是问题。人都是有惰性的，只要日子还能维持下去，就很难有投入一个陌生的、前程未卜的新领域的决心。因为害怕更坏，所以永远也没有更好。微薄的薪水维持着年复一年的基本生活，从“0”开始，又以“0”结束。

人不能成为习惯的俘虏。每个渴望成功的人，都要趁自己还没定型、还有激情和锐气的时候，及时地变化一下，看看自己到底有多大的能量。一旦你创业成功，就会进入人生的一个新境界。

大连实德集团董事长徐明，是2007年福布斯中国富豪榜上最年轻有为的企业家之一，可谓风光无限，他的成功经历，也是“十年辛苦不寻常”。

1971年，徐明出生于辽宁省庄河县，是一个典型的东北人，身上天生有一种桀骜不驯的因子。从沈阳航空航天大学毕业后，徐明被分配到大连市庄河县的经贸委工作。两年后，徐明再也受不了这种平庸生活，一种信念告诉他，他不能再这样碌碌无为地生活下去。毅然辞去公职后，豪气满怀的徐明便单枪匹马来到车水马龙的大连市。

当一踏进快节奏的大连市时，高度敏感的徐明便发现自己并不占有什么优势，只不过是沧海一粟而已。但对于勇于接受挑战的人，机会总是有的。两年的平凡工作使得徐明对国家的贸易政策烂熟于心，并发现了一个发财致富的大好商机。那就是在对虾出口需要许可证的年代，却没有对熟虾出口实行许可证的规定。无疑，这是一个可遇而不可求的机会。当徐明将这个重大发现告诉一个从事虾出口的外商时，外商在感激不已的同时，极力劝说刚刚辞职下海的徐明一同来做。1992年，徐明开始从事卖虾的生意。在买入一吨虾为7万元左右，卖出却为37万元之多的情形下，刚下海不久的徐明便在眨眼般的时间里，轻而易举地从一个毫无资产可言的普通人一举变为拥有千万资产的大亨。也就在这一买一卖中，年轻的徐明便赚了3000万元，为自己掘到了人生的第一桶金。

由一个普通的小职员到一个实力派商人，徐明已经完成了一次漂亮的蜕变，以这个“1”为基础，以后他再怎么发展都有理。在创建了大连实德集团后，徐明将投资方向转入化学建材行业，迎来了一个飞速发展的黄金时代。其后他又涉足足球领域，后来家喻户晓的大连实德俱乐部，成了最闪亮的招牌。

有人会以为徐明是时代的幸运儿，并不是每个人的事业都能如此一帆风顺。但是我们可以这样想，如果不主动去寻求突破，你将永远被困于命运的底层，毕生也领略不了成功的滋味。而已经建立起自己的基业的人，尽管还要面临新的风险和诱惑，但那已是一种更高层次上的成败。你要知道，曾经创业成功的人，失败了，负债累累，变成了比穷人还穷的人，但是他要重新变富，似乎比我们这些普通人还是快得多。比如巨人集团的老板史玉柱，曾经负债两亿元，他自己说，他已经是世界上最穷的人了，但只用了两年时间，靠脑白金这个产品，不但还了债，而且彻底翻了身，这是为什么呢？

因为他有了赚钱的方法和渠道，有了失败和成功的经验，并培养、具备了赚钱的素质和一些社会关系，而这些东西恰恰是没有创业经历的普通人身上不具备的。所以他就是失败了，变得比你还穷，但如果要翻身，成功的速度还是比你快，因为你的不成功是在慢车道上，而他的失败还是在快车道里。

人说“落架的凤凰不如鸡”，但是这句话本身却充满了穷人式的嫉妒。

凤凰最初也只是一只平凡的鸟儿，可当它习惯了飞翔，见识了人间的高山、大河之后，就等于已经完成了从“0”到“1”、从质到量的突破，即使一切重新开始，也和屋檐下的鸡不是一个档次。

做事易，起步难，穷人如果不想做环境的奴隶，就应该充分挖掘出自己生命深处的潜力接受挑战，当你有了第一次的收获之后，命运的格局就会大得多。

从无到有不是一下子就可以实现的

对于每一个正处于穷困之中的人来说，如果要致富，要完成从无到有的突破，就不能放纵自己贪舒服、恶劳苦的天性。明天的成功来自于今天的积累，当你在不该停滞的地方停滞，不该享受的时候享受时，就是在透支未来。

穷人要致富，在心理上要把自己当成正在行进中的富人看，在行动上要脚踏实地、逐步积累自己的成功资本。沿着这条路走，我们会离成为富人的目标近一些，但最终能不能完成从“0”到“1”的飞跃，还要看你中途会不会懈怠，能否坚持到底。

中国人有句老话：“吃得苦中苦，方为人上人。”话虽俗，但其中依然存在着积极的教益。无论什么样的社会环境，总会有主流精英与贫弱人群的分化，穷人要跨过这个沟壑，必须要奋发。这个奋斗过程是艰难的、漫长的，这就要求一个人必须能抵制享乐的诱惑，把有限的精力都用在你的“正途”和“大业”上。

当一个人刚踏入社会的时候，常以为自己有着取之不尽、用之不竭的能源，所以在各个地方、各种方面都不知爱惜自己生命的储能。花天酒地、饮食无度、不检点的生活、奢侈的习惯、工作的不认真等都可以摧残、减弱你的生命储能。一个渴望成功的人总要做这样的思考：怎样利用自己的才智、精力和体力才是最有效率的？

大音乐家莫扎特年轻时，倾慕爱恋过好多位活泼、美貌的姑娘，但时间都不太长。在21岁时，他与母亲一起外出做第二次演奏旅行。在去巴黎的途中，路经曼汗城时，莫扎特邂逅了一个芳名阿蕾霞的德国少女。这位少女有着银铃般优美的歌喉，莫扎特整个心都被她迷住了。他就以教阿蕾霞的声乐为借口，说服母亲在曼汗停留了相当长的时间。两个人卿卿我我，莫扎特完全把进行演奏旅行的事抛在脑后。母亲目睹这一切，感到如此下去，势必影响巴黎之行，于是就写信把一切告诉了莫扎特的父亲。很快，父亲来信，对莫扎特婉转警告："你想要成为将来被世人淡忘的平凡的音乐家呢，还是做一位留名青史、受人祝福的第一流音乐家？你愿意做时常被美貌所迷、不多几时死于床铺上、让妻儿流浪街头的人，还是追求幸福的生活，重视名誉与自立，给予家族以安乐？"接着父亲又以严厉的语气追加道："必须前往巴黎，不得迟延。然后加入伟大人物的行列。若是不能成为恺撒，就不必做人。"在父亲的忠告下，莫扎特强忍情欲，终于向阿蕾霞告别，和母亲踏上巴黎之途。

人活着，追求美满的爱情本也无可厚非，可如果为此抛弃了一生的目标，就不是理智的行为了。人生的快乐不可以预支，当你在不该停滞的地方停滞，不该享受的时候享受，就是在透支未来。等到年华已过，又穷困潦倒之时即使再想起步，也是有心无力了。

世界上最富有的犹太人，把对享乐的态度，看做一种衡量人的重要的尺度。在他们的典籍《塔木德》上写着："有4种尺度可以用来测量人，那便是金钱、醇酒、女人以及对于时间的态度，这4种尺度标准有其共同之处——它们都有吸引人的地方，但是却不可以沉迷于其中。"

要把自己的精力全部倾注到事业上，这是许多立志成功的人非常明白的一个道理。但是在实际生活中，他们仍会不知不觉地把相当的精力耗费

到了毫无裨益的事情上。一个人利用自己的精力，就像我们平时用水一样，一不小心就会浪费很多。相反，那些能克制自己的自然欲望，把精力投入自己所喜爱的事业上的人，他的付出将换来更大的回报。

威尔是卡特尔斯建筑工程公司的执行总裁，几年前，他是作为一名送水工被卡特尔斯一支建筑队招聘进来的。威尔并不像其他的送水工那样把水桶搬到工地之后就躲在阴凉的墙角，一面抱怨工资太少，一面无聊地抽烟。他先到工人中间给每一个忙碌在岗位上的工人的水壶倒满水，并在工人休息时，一边给他们加水，一边听他们讲解关于建筑的各项工作。

很快，这个勤奋好学的人引起了建筑队长的注意。半年后，威尔当上了计时员。他并不因为职务的晋升改变过去的习惯，依然勤勤恳恳地工作，总是最早一个上班，最后一个下班。由于他对所有的建筑工作比如打地基、垒砖、刷泥浆等非常熟悉，当建筑队的负责人不在时，工人们遇到棘手的问题，总喜欢问他。

一次，负责人看到威尔把旧的红色法兰绒上衣撕开包在日光灯上，以解决工地上没有足够的红灯来照明的困难，负责人决定让这个勤恳又能干的年轻人做自己的助理。这个负责人因为有威尔的帮助，把所有的事务处理得井然有序。在这支建筑队的规模扩大到原来的三倍时，效率比别的建筑队都高，后来经这位负责人的推荐，不到一年时间，威尔便成了公司的副总，但他依然专注于工作，从不说闲话，也从不参加任何纷争。他鼓励大家学习和运用新知识，还常常拟计划、画草图，向大家提出各种好建议。只要给他时间，他可以把客户希望他做的所有的事都做好。过了两年，董事会决定任命威尔为公司的执行总裁。

人都是有惰性的，只要想偷懒，马上就能找到各种各样的理由，紧张、疲劳、身体不舒服等。这时候你需要这样鼓励自己：明天的成功，需要今天的积累，放过今天，就等于放走了未来。

造成贫穷的原因各有不同，可摆脱穷困最奏效的方法只有一个：那就是让自己感觉到贫穷对于我们是多么的不舒服，富有的生活才是我们真正的生活。为了这个大目标，我们必须走出所谓的“贫穷舒服区”。也许开始时，我们会感觉枯燥，会觉得不舒服，不过在以后的日子里，随着那一项项可见的收获的到来，我们会自然而然地把枯燥当做兴奋，把不舒服看成挑战！

先改变自己，你才能走出原点

穷人本身对外在的环境有一种被排斥在外的感觉，于是很多人就把自己的贫困归罪于外部的环境。这时候我们首要明确的问题是：既然我们对环境的影响力是极为有限的，那么唯一的出路就是改变自己，首先是适应环境，然后再考虑驾驭环境。

关于人与环境的关系，最能说明问题的一句话是：物竞天择，适者生存。适应指的是一个人对外在环境的顺应，其实是人们与生存环境之间的一种互动关系，一个人是否适应他所处的外在环境直接影响到他本人的生存状况，越是适应环境的人生活得越好。

穷人本身对外在的环境有一种被排斥在外的感觉，于是很多人就把自己的贫困归罪于外部的环境。当然，可能外在的环境在一定程度上是加重了我们的贫困，可是，你能改变环境吗？你的地位决定了你对环境的影响力是非常有限的，那么你就只有首先改变自己，来适应目前的环境了。这本身与你愿意或不愿意无关，愿意的命运领着你走，不愿意的命运推着你走。

我们生存的世界不是停滞不前的，所以我们每个人所面临的外部环境和客观条件也随时都在改变，它们不会以某个人的意志为转移。你不能因为自己喜欢登高就要求面前是一座山，也不能因为自己擅长游泳而希望面前是一条河，相反，在碰到山的时候你应该学习攀登，遇到河的时候应该学习游泳。

威廉·怀拉是美国一位享有盛名的职业棒球明星,40岁时因体力不济而告别体坛另找出路。他琢磨着,凭自己的知名度去保险公司应聘推销员不会有什么问题。

可结果出乎意料,人事部经理拒绝道:"怀拉先生,吃保险这碗饭必须笑容可掬,但您做不到,无法录用。"

面对冷遇,怀拉的热情未受丝毫影响,而是下决心从头开始苦练笑脸。

由于天天要在客厅里放开声音笑上几百次,因此使邻居产生误解:失业对他刺激太大,以至于发起神经来了。为此,他只好把自己关进厕所里练习。

一次,他在路上遇见一个熟人,非常自然地笑着打招呼。对方惊叹道:"怀拉先生,一段时日不见,您的变化真大,和以前相比真是判若两人!"听完熟人的评论,怀拉充满信心地再次去拜见经理,笑得很开心。

"您的笑是有点意思了。"经理指出,"然而还不是真正发自内心的那一种。"

他不气馁,再接再厉,最后终于如愿以偿,被保险公司录用。

这位昔日棒球明星严峻、冷漠的脸庞上,绽放出发自内心的婴儿般的笑容。它是那样的天真无邪,如此讨人喜欢,令顾客无法抗拒。就是靠这张并非天生而是苦练出来的笑脸,怀拉成了全美推销寿险的高手,年收入突破百万美元。

适应环境,不仅仅是对环境的妥协,对于穷人,这是在自己的力量还很弱小时的一种生存的智慧。对现实有了明确的认识之后,我们要懂得哪些事情应当马上提上日程,哪些梦想还应当藏在心里。路是一步步走的,你不能从一开始就期望摆在眼前的是一个随心所欲的天堂。每个人身上都有着未曾被开发出来的潜力,是人才就不应该只被界定在一个小范围内。当我

们改造不了环境的时候,可以改造自己,然后那看似陌生的、冰冷的环境就会接纳你,命运才开始对你露出笑脸。

有些人会以为"适应环境"就是对外部压力的屈服,而最终把自己变成一个缩手缩脚的人,其实这只是一种误解。真正的高手,会把自己与环境的关系变成一种"鱼水关系",从而使自己的人生拥有足够的伸展空间。

1936年,李嘉诚一家辗转来到香港。他的父亲李云认识到以前对李嘉诚的那套教育是完全不适应香港社会现实的,于是他不再按四书五经的理论要求儿子,他让李嘉诚"学做香港人",从而适应并融入香港社会。

要真正融入这片土地,就得先过语言关。如果语言关都过不了,在香港生存都是问题,更不用说什么做大事、立大业了。过香港的语言关就是要熟练地讲广州话和英语。

李嘉诚生长在潮州,只会说潮州话,潮州话属闽南方言。香港的大众语言是广州话,广州话属粤方言,与闽南方言彼此互不相通。可是在香港不会说广州话几乎寸步难行,所以是一定要学的。另外,英语是香港的官方语言,这是一种非常重要的沟通工具,也不容忽视。

功夫不负有心人,李嘉诚经过几年的苦心学习,终于熟练地掌握了广州话和英语这两门语言,这使得他在日后的商战风云中受益匪浅。

语言和经商绝对不是风马牛不相及的。试想,如果李嘉诚不懂广州话,不要说难以在商场自由驰骋,就是生存质量也要大打折扣,赚钱又从何谈起呢?

英语更给李嘉诚带来了无法估量的巨大财富,长江塑胶厂的创业便充分地说明了这一点。那时李嘉诚完全是凭借着一口流利的英语与外商进行商务洽谈的,从而为长江塑胶厂赢得了不少客户,接收了不少订单,把李嘉诚推上了世界上屈指可数的"塑胶花大王"的宝座。

对于当年的李嘉诚,要想在香港站稳脚跟,首先应当以一种全新的面目出现在这片土地上，而语言的改变，带来的是生存方式和生活圈子的改变，这种改变使李嘉诚由香港的看客变成了主人。所以说“适应”其实就是一种迂回的发展，因为选取了最佳的着眼点和入手的角度，行动起来就有事半功倍的效果。

在威斯敏斯特教堂的地下室里，英国圣公会主教的墓碑上写着这样的一段话：

当我年轻自由的时候，我的想象力没有任何局限，我梦想改变这个世界。

当我渐渐成熟明智的时候，我发现这个世界是不可能改变的，我将眼光放得短浅了一些，那就只改变我的国家吧！

但是我的国家似乎也是我无法改变的。

当我到了迟暮之年，抱着最后一丝努力的希望，我决定只改变我的家庭、我亲近的人——但是，唉！他们根本不接受改变。

现在在我临终之际，我才突然意识到：如果起初我只改变自己，接着我就可以依次改变我的家人。然后，在他们的激发和鼓励下，我也许就能改变我的国家。再接下来，谁又知道呢，也许我连整个世界都可以改变。

这是劝世的箴言，是人类在无数次碰壁之后的智慧结晶。你自可以胸怀大志，以影响环境、改造环境为己任，但别忘了这中间的次序是改变自己——做强自己，当你的力量足够大、积累的财富足够多的时候，环境的问题对你已不是问题。

不要光想着如何改变生活，而要知道怎样改变命运

很多人的理想往往是努力工作，多挣钱，提高生活水平，他们一天天按部就班地走下去，终其一生，也只有量的积累，而无质的飞跃；富人却不会甘心一生只在固定的圈子里、按固定的模式生活，所以他们会走得更远，获得更多。

穷人受穷总是有各种各样的理由，但有一条理由是不能被忘记的，那就是谁也没有理由贫穷。时代给人们提供了过上好日子的良机，可以说这是一个天高任鸟飞的时代，只要你憎恨贫穷、渴望富有，并且为之付出了努力，那么就会成为富人。

由穷人变成富人，是一个质的转变。它不仅仅代表着金钱的多少，更关键的是对穷与富的理解和认识。如果我们说一些人之所以没有致富是他们甘心贫穷，相信马上会有人站出来反驳这个观点：在这个世界上有谁不愿意富起来呢？而事实恰恰是许多人在不知不觉中，就把自己划入了贫穷的阵营里。比如在一个葡萄园里，有许多工人为农场主摘葡萄，这里面，有的人懒惰，有的人勤奋。懒惰的人自然是得过且过，只要还能吃饱，晚上还有睡觉的地方，他们对多摘两筐或少摘两筐并不在乎；勤奋的人则不同，他们的目的很明确：多摘葡萄，多挣钱，让自己和家人生活得更好一些。表面看来，

后者的想法很负责任，应当赞扬，可是有一个更重要的问题被他们忽略了：我有没有可能通过奋斗，也拥有一座自己的葡萄园？

如果仅仅把眼光放在如何改变目前的生活上，我们就容易犯短视的错误，忘记了自己还可以走得更远，获得更多美好的东西。财富、地位、成功和快乐不是只为某些人准备的，穷人和富人之间也没有不可逾越的距离。

1965年，一位韩国学生到剑桥大学主修心理学。在喝下午茶的时候，他常到学校的咖啡厅或茶座听一些成功人士聊天。这些成功人士包括诺贝尔奖获得者、某些领域的学术权威和一些创造了经济神话的人，这些人幽默风趣、举重若轻，把自己的成功都看得非常自然和顺理成章。时间长了，他发现，在国内时，他被一些成功人士欺骗了。那些人为了让正在创业的人知难而退，普遍把自己的创业艰辛夸大了，也就是说，他们在用自己的成功经历吓唬那些还没有取得成功的人。

作为心理系的学生，他认为很有必要对韩国成功人士的心态加以研究。1970年，他把《成功并不像你想象的那么难》作为毕业论文，提交给现代经济心理学的创始人威尔·布雷登教授。布雷登教授读后，大为惊喜，他认为这是个新发现，这种现象虽然在东方甚至在世界各地普遍存在，但此前还没有一个人大胆地提出来并加以研究。

后来这本书果然伴随着韩国的经济起飞了。这本书鼓舞了许多人，因为他们从一个新的角度告诉人们，只要你对某一事业感兴趣，长久地坚持下去就会成功，因为上帝赋予你的时间和智慧能够让你圆满做完一件事情。

在现实中，许多穷人正是被富人的成功吓倒了。一般来说，穷人总是生活在穷人的圈子里，即使能在一些公共场合或者商务酒会中见到富人，也都是远远仰视。富人们一个个威严尊贵，谈吐不凡，使穷人们感受到一种深刻的震撼。他们会以为自己与富人的距离判若云泥，永远也达不到他们那种高度。不战胜这种畏惧心理，穷人就无法踏上向上的台阶。

当一个人处于贫穷之中的时候，改变才是出路，为了进步得更快，改变得更彻底，我们首先应该相信贫富本无种，命运是由自己创造的。

如今“波司登”是我们极为熟悉的一个羽绒服品牌，也是具有国际竞争力的中国名牌之一，但是时光倒退30年，“波司登”的总裁高德康只是江苏省常熟县农村一个毫不起眼的年轻人。

因为不甘忍受贫穷落后，在20世纪70年代末，高德康和11位农民一起成立了缝纫机组，给别人做一些“来料加工”式的活计，最大的客户，是上海的一家小企业。

上海距常熟200千米，高德康每天的工作就是骑着自行车，风雨无阻地在这条路上奔波。取布料、送成品，一天又一天，这其中的艰辛只有他自己知道。到了1983年，高德康的自行车换成了摩托车。过去骑自行车一天只能跑个来回，现在是一天两次往返于上海与常熟之间。加工的成品多了，他们小作坊的收入也逐步增加，但是如果高德康以比上不足、比下有余“小康”为满足，那么也就没有后来的“波司登”了。

高德康是个“不安分”的人，他在为上海飞达厂做“贴牌”时，就敏锐地发现了羽绒服行业的巨大商机。他一边继续做着来料加工的生意，一边潜心研究羽绒服市场的未来走势。到了20世纪80年代末期，高德康已经掌握了从生产、加工制作羽绒服的一整套成熟技术，决定向自己的梦想进军。

对高德康来说，1992年是他创业历史上一个最重要的转折点。在这一年，高德康终于不甘“为人做嫁衣”，注册了“波司登”商标，迈出了打造品牌羽绒服的第一步。两年后，“波司登”羽绒服正式面市销售，高德康终于创造了自主品牌，参与市场竞争。到了1995年，“波司登”以68万件的销售量登上了同行业全国销量第一的宝座，从此声名鹊起。

高德康能成为真正的富人，主要是因为他具备富人的思维方式，不断地开拓新的领域，这是他们前进的目标和动力。穷人却往往因为已经熟悉了

旧的生存环境和生活方式，就一天天按部就班地走下去，即使收获有限，他们也会误以为还是由于自己不够勤奋所致。于是他们更加努力地改变生活，终其一生，也只有量的积累，而无质的飞跃。

穷人认命，富人造命，这就是区别。

每个人都有追求财富的权利

在现代社会，金钱除了是我们每个人生活的必需品，还代表着自由、保障、信心、尊严等附加意义。所以对金钱保持强烈的欲望是一件再正常不过的事情，事实上，世界上许多大富豪都是热爱金钱，并以赚钱为快乐的人，你不必强求自己也能达到像他们那样的高度，但是可以学习他们的观念，大大方方地追求财富。

自古以来，中国人不喜欢光明正大地说爱钱，仿佛“铜臭”是“书香”和一切美德的对立面。其实贫穷等于高尚的思想观念，只是因为大环境所限，人们无法走向富足的一种安慰剂，随着时代的发展已失去了它存在的价值。

往大里说，社会的和平和幸福，唯有经财富的创造和经济的繁荣才能达成，一个贫穷的社会绝对无和平和幸福可言。消灭贫穷和创造幸福，是我们现代社会里的每一个人责无旁贷的义务。只就个人而论，一个人活着，要吃饭，要穿衣服，要受教育，还要娱乐，钱一日不可或缺。在现实中，金钱不只是流通的工具，同时它还代表着一个人的自由和保障。现代人常会说压力大，这种压力可能是紧张的生活节奏所致，深层的原因却来自我们对自己未来生活的不确定和不自信。你的命运必须由别的人、别的机构来决定，压力就会一直考验着你的承受能力。

安贫乐道这句话本身就是错误的。目前的调查表明，患精神疾病的人数已超过心血管病的人数，跃居我国疾病患者的首位，约占20%，生活贫困是造成心理压力过大而诱发现代人心理疾病的八大病因之一。一个没钱的人，生活中很容易跨越的障碍，他都寸步难行。当他们被贫穷的生活折磨得身心交瘁时，他们还有什么心情快乐呢？

当然，在这个世界上，穷人和富人都无可避免地要受到压力的困扰，面对不同层次的竞争。但是我们应该看到，那些还没有建立起自己的金钱保障体系的人，每天除了要面对纷繁的人事纠葛外，同时还要承担衣食住行的考验，生活对于他们的重压将更漫长，更无奈。

美国"钢铁大王"卡内基先生曾经说过："贫穷是无能的表现。"假如你真的想要赚大钱，第一步就是先改变思想，尤其是思想中对金钱的负面联想必须先消除，要建立对金钱的正面联想，这是每一个有钱人都做得到的事。你有了他们一样的思想，才会有和他们一样的结果。

我国清代的红顶商人胡雪岩，能由一个钱庄的小伙计起步，积累起富可敌国的财富，这与他对金钱、对从商的态度是密不可分的。当年，曾受过胡雪岩接济的落魄书生王有龄在官场出头后，多次让胡雪岩捐官，立意要提携出他一派大好前程来。胡雪岩的想法却是贴近现实的，他以为"行行出状元"，而以发财为第一。他曾直言自己喜欢钱多，而且越多越好！有了钱然后做出一番大事业来，是世上最痛快的一件事。他说：

做生意发了财，尽管享用，盖一座大花园，没有人好说闲话。做官的发了财，对不起，不好这样子称心如意！不说别的，叫人背后指指点点，骂一声"赃官"，这味道就不好过了。

胡雪岩的人生理想，就是赚大钱，做大事，完全按照自己的意愿生活，今天我们不去考究他思想境界的高低，只想说明这种对金钱的强烈的愿望，在

客观上为他树立了一个明确的方向，使他义无反顾地走向了经商之道，白手起家，创建起自己的财富王国。

人喜欢与接受他的人在一起，钱也是一样，你不断地想它不好，排斥它，它就不会来找你。而如果你热爱钱，也非常珍惜钱，就能保留自己已获取的财富，通过正确的理财方式，自然会成功致富。

在具体的操作过程中——也就是说在赚钱的道路上你还要继续保持这种心态：把赚钱当成一种快乐的事。

有钱人这样形容自己：在赚钱的时候你就进入了一个游戏的世界。作为游戏的参与者，你要不停地和对手进行较量和角逐。你要采用一切办法和手段来胜过其他的人，你要超越所有的人才可以赢得最后的胜利。

著名的金融家摩根就具有这样的赚钱观念，即决不让赚钱变成一种沉重的负担，而是让它成为一种新鲜刺激的游戏。他认为只有以这样游戏的心态去赚取金钱，才是最佳的赚钱心态。

摩根赚钱甚至达到痴迷的程度。他一直有一个习惯，每当黄昏的时候，他就到小报摊上买一份载有股市收盘的晚报回家阅读。当他的朋友都在忙着怎样娱乐的时候，他则说："有些人热衷于研究棒球或者足球的时候，我却喜欢研究怎么赚钱。"

摩很喜欢的，是本身就充满了乐趣的赚钱过程，那种一次次投入资金，又一次次地通过自己的智慧把钱赚回来的感觉，充满了风险和艰辛，但是也颇为刺激，使他每天都以崭新的面貌对待生活。

摩根在赚钱中找到了接受挑战的乐趣，所以他可以同时拥有财富和快乐。赚钱对我们人生意义的提升是多方面的，在文明制度下，财富可能来自机遇、创新、变革和勤奋，一个人的财富多少也就基本代表了他的才能和努力；同时，在赚钱的过程中，我们的阅历更丰富，心胸更开阔，财富从另一个侧面成就了我们的人生。

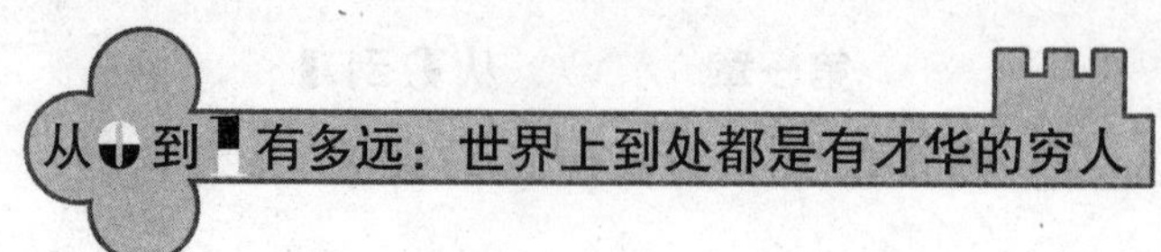

在现实生活中，你不必强求自己也能达到像摩根那样的高度，但是可以学习他的观念，我们一定要明白，为了让我们的生活更加美好，追求财富是每个人最基础的权利之一，随着财富的积累，我们便可以逐步实现生存、保障、自我实现等一层比一层更高的需要。

在成功之前你应该做些什么

那些具有致富潜质的人，即使在贫困之时，也一直照着“富人”的准绳来要求自己。暂时没有事业可做，他们就努力做强自己的能力、做好自己的人品，以敞亮的胸怀和开放的姿态，迎接财富的降临。

除了少数有祖业可以继承的幸运者，很多富人，都要经历一个白手创业、逐步积累的过程。富人不是一步登天富起来的，他们没有受到命运特别的眷顾，也是先有播种而后才有收获。想当初，穷人穷，未来的富人也穷，但是不一样的思想认识和不一样的做事方式使他们逐渐分化为贫富两大阵营，并且距离越拉越远。

这里面至关重要的一点，是那些具有致富潜质的人，一开始就照着“富人”的准绳来要求自己。

穷人也不甘心穷一辈子，但这只是一个模模糊糊的意识，从来没有将其化为具体的行动。富人却不是这样，即使在贫困之中、卑微之时，他们也时刻在为将来的富有打基础。

在某些穷人的心中没有事业，他们只是每天忙忙碌碌地做事情，以自己的时间和精力来交换金钱，换取生活的必需品；富人每做一件事的时候，都会把它当成一个可持续发展的事业来看待，这样，即便再不起眼的工作，对他都是一种能力的培训。

美国的大富豪洛克菲勒在给儿子约翰的信中说：

我永远也忘不了我的第一份工作——簿记员的经历，那时我虽然每天天刚蒙蒙亮就得去上班，而办公室里点着的油灯又很昏暗，但那份工作从未让我感到枯燥乏味，反而很令我着迷和喜悦，连办公室里的一切繁文缛节都不能让我对它失去兴趣，而结果是雇主总在不断地为我加薪。

收入只是你工作的副产品，做好你该做的事，出色地完成你该做的事，理想的薪金必然会来。而更为重要的是，我们劳苦的最高报酬，不在于我们所获得的，而在于我们会因此成为什么。那些头脑活跃的人拼命劳作绝不是只为了赚钱，使他们工作热情得以持续下去的目标要比只知敛财的欲望更为高尚——他们是在从事一项迷人的事业。

老实说，我是一个野心家，从小我就想成为巨富。对我来说，我受雇的休伊特·塔特尔公司是一个锻炼我的能力，让我一试身手的好地方。它代理各种商品销售，拥有一座铁矿，还经营着两项让它赖以生存的技术，那就是给美国经济带来革命性变化的铁路与电报。它把我带进了妙趣横生、广阔绚烂的商业世界，让我学会了尊重数字与事实，让我看到了运输业的威力，更培养了我作为商人应具备的能力与素养。所有的这些都在我以后的经商中发挥了极大效能。我可以说，没有在休伊特·塔特尔公司的历练，在事业上我或许要走很多弯路。

一些穷人会以为只有坐在经理人的位置上的时候，才有机会了解公司的经营大计、学习赚钱的方法，其实对于有心人，随时随地都可以磨炼自己的能力。当你把眼前的工作当成一种培训的时候，心情立刻会敞亮起来，而这种信心和热情，又可以使你学到更多的东西。对于那些从来没有认真地规划过自己的人生大计的穷人来说，应当这样提示自己：我学习，我进步，我将变得富有。

把自己当成美女看待的女人，心情会影响到她的风姿和气质，长此以往，她会变得美丽。穷人也一样，你把自己当成正在行进中的富人，财富离你也不会太远。如果只因为自己的贫苦而破罐子破摔，幸运永远不会降临到你的头上。

郑周永，1915年11月25日生于朝鲜半岛江原道通川郡田面峨村的贫苦农民家庭。因家境贫寒，以打工谋生。自1937年在韩国汉城开办一家小米店以来，一次又一次创造奇迹，改写了他的人生。经过多年不懈努力，他逐步创建了以“现代化建设”“现代造船”“现代电子”为核心的现代企业集团，将自己的梦想推上极致，写就了企业史上的一个奇迹。

郑周永本人也成为亚洲最富有的企业家之一，被誉为“最有魄力的男人”，成为亚洲四小龙之一的韩国最具影响力的名人之一。

在他的《我的现代生涯》一书里，有这样几段话，是值得每一个想成为富人的人思考的。他说：

我经常听到这样的话：我有一个能够成功的项目，就是没有资金。请你借钱给我吧。

每当这个时候，我就告诉他：

“你缺的不是资本，你缺的是信用。不是说你人品怎么样，而是说你还没有建立起可以借钱给你的信用。所以筹资就比较困难。只要你建立了能够使事业成功的信用，资金不会成为问题。”

只要得到善良、诚实、正直、值得信赖的评价，就可以拿这个评价作为资本，扩大和发展你的事业。不管是搞商业还是办企业，有资金更好，没有资金也没关系，只要有信用，就可以筹借资金开展事业。这是我在实践中得到的切身体会。过去说谎的人，说得再正确，人家也只会当是谎言嗤之以鼻。不管是个人还是企业都是这样。个人树立信用，可以搞小一些的事业，小一些的事业积累了信用，就可以发展成较大的事业。中小企业发展成大企业，大企业再发展成国际性的跨国企业，都是如此。

郑周永用他自己的脚步，为下一代人丈量了一个穷人到一个富人的距离，也演绎了穷人到富人由量变到质变的过程。这里面，几乎没什么天赐的偶然，都是人为的必然。

某些穷人始终认为，信用是富人讲究的东西。自己作为一个穷人，根本就没有资格或者资本去讲。因为自己每走一步都不容易，做每一件事情都很难。有的事情不投机取巧，自己根本就什么都得不到，因为自己是赢得起，但绝对是输不起的。如果再讲究那么多，恐怕自己什么都得不到了。

很多穷人都是这么想，也是这么做的，结果就是自己的一生也没什么太大的改变，一直是一个穷人。

富人在自己穷困的时候，甚至在自己一无所有的时候，他知道自己还拥有善良、正直和勤奋。哪怕自己没事情可做，但他还是努力地做好自己的人品，能让认识他的人知道他是一个好人，是一个有上进心、值得信赖的人，那么他就会有好多事情去做，因为别人也愿意把事情让他来做。

名声也是一个人做事的资本。在今天这个商业社会里，一个人名声的好与坏，往往关系着事业上的成功与失败。好的名声，就像是一件质量上乘的商品的牌子一样，让人听起来都肃然起敬，而激起购买的欲望。所以说，一个想成为富人的人，一定要经营好自己的个人品牌。

能力的培训和品格的修炼是富人在卑微之时所做的最重要的事，这是致富的内功。如果你想更快地接近成功，那么再在自己的形象上下点儿功夫，就更有锦上添花之势。我们在这里所说的“形象”，主要是怎样通过外部的表现向人们展示你的实力，也就是大家常说的一个人的“外场”如何。做生意要做场面，堂皇的门面，忙碌的气氛，往往是赢得客户信赖的一个很重要的外部条件。做人也要做场面，这不是打肿脸充胖子，一味摆阔，它实际上也是在树立自我形象，在向公众显示自己的水平和优势，赢得大家的

信任。

西方商界有句名言:“如果你想在明天发展为一间大公司,今天就要表现得像一个大公司的样子。”同样,你要在明天成为富人,从现在开始也要表现出一个富人的素质来。那些真正的大富豪们,即便在贫困之时,也从来没有被环境所限,被命运压得萎靡不堪。

平凡的我们怎样靠现有资本实现财富的突破

与那些高强度、低收入的体力劳动相比，以知识立世、用头脑赚钱无疑已是一种飞跃，但其实这还称不上是最具效率的致富武器。富人的赚钱资本里，包括了对资金、技术和人才的整合，运作得好，财富可以以几何级数增长。

不管你是否承认，人和人之间毕竟还是有差别的，仅就每个人的生存方式和赚钱方法来说，也是八仙过海，各显神通。其中最原始的方式，就是手脚磨出老茧，纯粹以体力赚钱。在这些人中间，几乎每个人都做得很勤苦、很努力，收入却极为有限。于是一部分人开始觉醒，期望可以找到新的生存途径。

过去是“学而优则仕”，今天是“学而优则富”，通过教育改变命运是一种安全而平稳的通途。

我国从改革开放的初期开始，到今天已经经历了 4 次经济浪潮，如今正是“知本”的时代，随着一批科技富豪的诞生，以知识赢得金钱和地位已不再是梦想。在不久的将来，一批包括学者、高级白领和专业技术人员在内的专业人士，将成为社会的新宠儿。

在知识经济的时代，通过教育提高个人素质，并以此改变了命运的例子为数不少。

有一个叫丁晓的川妹子,1976 年出生于成都市金堂县普通农民家庭。因为家里贫困,初中毕业后,她便辍学打工供弟弟读书。

在亲戚的安排下,她进入一所高中学校的食堂打杂。出于对知识的渴望,她买了高中课本,一有空便跑到教室去听课,她对英语课特别感兴趣,近 10 年的偷学生涯,使她的英语水平提高很快。

2001 年,为了提高厨艺,拓展自己的就业空间,她报名参加了一个厨师培训班,经过半年的学习,她以第一名的成绩拿到了厨师等级证书。此时,她发现了一个千载难逢的机会,美国一家公司正在成都招聘服务人员。条件是高中以上文化,懂简单的英语。虽然她没有高中文凭,但她自信通过多年的自学,已经具备了高中文化水平。结果,在面试时,她凭着流利的英语口语,在众多的报名者中脱颖而出,被破格录取。

当然,到了美国也不等于就到了天堂,但是英语和厨艺就是丁晓的护身符。她以后在工作中虽然也经历了一些波折,但她最终进入白宫,成为行政办公室正式的接待人员。

从食堂打杂工到白宫工作人员,丁晓已经有了脱胎换骨式的变化,这一切全赖于她当初明智的选择。对于有心人,"知识"的门槛并不高,在它身上投资了时间和精力的人一般都可以得到丰厚的回报。

与那些高强度、低收入的体力劳动相比,以知识立世、用头脑赚钱无疑已是一种飞跃,但其实这还称不上是最具效率的致富武器。在现代社会,白领有白领的优越,但白领也有白领的苦恼,比以知识赚钱具有更多自主性和更大发展空间的,是用资本创造财富。

我们这里所说的资本不仅仅是指金钱,它还包括了对人才和技术的整合利用,掌控拥有知识的人,比直接掌握知识更具实效。

第一次世界大战期间,芝加哥一家报纸在一篇社论中称汽车大王亨利·福特是"一个无知的和平主义者"。福特先生不满这种指责,向法院控告这家报纸毁谤他的名誉。当法院审理这个案子时，这家报纸的律师要求福特先生坐上证人席，以便向陪审团证明福特先生确实无知。这位律师问了福特先生很多问题，企图证明：福特先生虽然拥有许多关于汽车制造的专业知识，但总的来说，他却是一个很无知的人。福特先生被问的问题很多，如“班尼迪特·阿诺德是何许人？”“1776 年英国派了多少士兵前往美洲镇压叛乱？”……

福特先生对这种问题很厌烦，在回答一个特别具有攻击性的问题时，他向前倾身，用手指着向他提问题的律师说：“如果我真的想回答你刚刚提出的这个愚蠢的问题，或其他问题，让我提醒你，在我办公桌上有一排按钮，只要我按一下，马上就会有人来回答这些问题。请问，我身边既然有那么多专家能够把我们需要的任何知识提供给我，我为什么还要在我脑子中塞进那么多的一般知识？”这种回答当然是合乎逻辑的，这个答案也使律师哑口无言。

福特先生没有“知本”，但是有无数拥有“知本”的人在为他打工，他的资本优势就体现在这里。无论在什么样的社会条件下，富人都不是靠自身的体力和脑力资源赚钱，而是靠他们掌握的众多资源：财力、物力、人力等为他赚钱。从交易的角度看，不管蓝领、白领，都是把自己的劳动力卖给了老板，进行了一次交易。而老板呢？他要从上游购买原材料，这是交易；要把产品销售出去，这也是交易；要建厂房，使用货币购买钢筋水泥；要用水、电、煤，也要交易；要雇用员工，这还是交易。可见，对老板来说，简单的经营，都包含着众多的交易，其数额和次数，不知比员工多多少。从现代经济学的理论看，交易才能升值，才能创造财富，才能获得利润。正因为这些交易，老板的收益才远远超过打工者。

打工者和老板的资金流也是迥异的。前者是“挣钱——消费”，是线性的，要增加流量，只能靠加薪。这单一的加薪渠道，使员工的资金流很难扩

大。而后者却是一个开放的循环系统:投资——利润——追加投资——更多的利润,随着主系统的循环,老板的资金流将越来越大。很多打工者,特别是以"知本"赚钱的高级打工者,一年有个几万、十几万的年薪,确实也不少了。而那些小老板,却做着似乎微不足道的小本生意。每年有1万或几万的利润就不错了。可是几年后,白领也好,金领也好,工资涨幅有限,因为他们的能力不可能无限地提高。而小老板们的生意,却因为资金流的不断循环而滚雪球般地越滚越大,利润也迅速攀升,呈几何级数增长,这两种不同的增长方式,使很多高级打工者的收入,比起一般的小老板来,呈现先多后少的状态。

这就是以资本赚钱和以自己一个人的能力赚钱的差异,也就是说,穷人的"知本"再强,比起富人聚集人才挣钱、以钱滚钱的模式,还是相对滞后的。所以说,由"知本"到"资本"之间,存在着一种本质的变化,是否能以资本赚钱,是成为富人的资格证。

当然,以上我们只是普遍而论,具体到每一个人,还是可以有多方面的选择的。如果你认为自己学习能力是长项而差在资本运作,那么以知识赚钱也是一种不错的人生规划;如果你有志于自主创业、以钱赚钱,那么对自己某一项专业知识的水准也不必苛求,拥有"知本"的人,完全可以成为你"资本"的一部分。其中的关键,是认清了穷人和富人不同的赚钱方式后,我们才能够更准确地寻找到自己的坐标和未来的方向,不至于等机会砸到脚背上的时候也无动于衷。

【第二章】

0.1

多做一点:从无到有只是一点点差别

石油大王保罗·盖蒂说:“如果你想变得富有,就找一个富有的人,做他正在做的事情。”穷人致富,本身就是一个摸索的过程,跟着已经取得成功的富人的脚步走,就可以使我们少走不少弯路。富人的好习惯、好方法有很多,我们的每一项学习,不一定能取得立竿见影的效果,但是我们会在学习中逐渐提高自己的层次,然后由量变到质变,最终厚积薄发。

懂得坚持，也要会判断事情是否值得坚持

任何一件事情的成功，除了坚持，更需要一种敏锐的判断力，对客观环境和自身的条件都应该有明确的认识。你在创造财富的道路上取得的成就，最终还是要靠事实说话，选择好了方向和方法，才可能有事半功倍的效果。

我们都知道，坚持是一种美德。穷人致富，需要的是由量变到质变的积累，持之以恒的心态更是不可或缺的。但是凡事都有它的两面性，如果不摸清事物的内在规律而只是盲目地埋头做事，就会徒然浪费我们的时间和精力。

有一位企业家，别人问他成功的秘诀是什么。他毫不犹豫地说：第一是坚持，第二是坚持，第三还是坚持。听的人心里暗笑，没想到那位企业家意犹未尽，最后又加了一句："第四是放弃。"

作为一个成功的企业家怎么可以轻言放弃？这里面的道理其实很简单，如果你确实努力再努力了，还不成功的话，那就不是你努力不够的原因，恐怕是努力的方向以及你的才能和目标是否匹配的问题了。这时候最明智的选择就是赶快放弃，及时调整，寻找可以收到实效的行事法则。

有两只蚂蚁想翻越一段墙，寻找墙那头的食物。一只蚂蚁来到墙脚就毫不犹豫地向上爬去，可是每当它爬到大半时，就会由于劳累、疲倦而跌落下来。可是它毫不气馁，一次次跌下来，又迅速地调整一下自己，重新开始向上爬去。

另一只蚂蚁观察了一下，决定绕墙过去。这只蚂蚁很快绕过墙来到食物前，开始享受起来；而另一只蚂蚁还在不停地跌落下去又重新开始。

对于那些在"坚持就是胜利"的教育中长大的人来说，现在很有必要调整一下思维方式。穷人没必要坚持"人定胜天"，而无休止地与客观规律较劲儿。

放弃，不是自认失败，而是在寻找成功的契机，今天的放弃是为了明天的获取。放弃，也许使你为期待的目标失去了好多，有些甚至是很珍贵的，可你不应该后悔，你要知道：没有放弃，就不会有更牢固的拥有和获得。坚持到底固然是成功的一个必备条件，但如果你走进一条无路的死胡同，你应该赶快放弃前进。必要的回头，可以使你找到出路，否则你只会撞得头破血流。

被称为"烧鹅仔"的林伟成，1982 年高中毕业后，拿着父母给的 300 元家底做本钱，在惠州市大角市场的一个破木棚里摆摊卖起了烧鹅。谁知忙活了一整天，9 只烧鹅只卖出半只，其余的第二天变了味，本钱一下子失去一大块。19 岁的林伟成初次经商，就遭遇挫折。

他很快从失败中找出了原因，就到广州拜师学艺，钻研烧鹅加工技术。一年后，林伟成回到了惠州，又干起了卖烧鹅的营生。他的烧鹅色、香、味俱全，深受人们的青睐，烧多少便能卖多少，每天他的摊位前都排起长长的队伍。摆了一年多的小摊，便有了 10 万多元的积蓄。这时，不安分的他想往大了干，于是办起了一家快餐店。一年后，林伟成又经营起粤海酒家，经过十余年的艰苦创业，林伟成已在惠州餐饮界崭露头角，"烧鹅仔"几乎家喻户晓，成了惠州大有名气的老板。

正当林伟成立志要创中国餐饮名牌、做中国麦当劳的时候，上天却与他开了一个莫大的玩笑。1993年下半年,国家加强宏观调控,惠州绚丽的经济泡沫消退。原来天天食客盈门的生意每况愈下,亏损严重。为了挽回败局,林伟成投资6000万元开了一家大型商场和珠宝行,结果一败再败。他又开始涉足房地产,更是血本无归。仅仅一年的时间,林伟成十几年艰辛拼搏积累下来的资本亏空殆尽,且欠下2000万元的外债。

吃一堑,长一智。林伟成决定从头做起,当一名烧鹅仔。他首先到国家工商总局登记注册了自己的商标,然后自任主编,聘请有关专家编撰了长达20万字的《烧鹅仔集团酒店管理标准》作为集团规范化管理的依据和员工的教材。以此为基础,踏踏实实重新创业。

栽下梧桐树,自有凤凰来,"烧鹅仔"独特的经营管理模式重新带来一场餐饮业的革命,也给自己招来了众多的合作伙伴。从西安到北京、天津、兰州、乌鲁木齐、郑州等地,烧鹅仔的连锁店可以说是遍地开花,而且走向了韩国与日本,从而使烧鹅仔东山再起,走向成功。

林伟成的创业之路一波三折,耐人寻味。但这里面有一条非常明晰的线索是:根据自身的条件和长处做事时则成功;头脑冲动、盲目投资时则失败。所以当你要做大事、赚大钱的时候,首先要确立方向,寻找最适合自己的方式。

其中的难点是,人们一旦踏上某条道路,就很难再重新选择,因为重新选择的成本太高。但当你真的面对心有余而力不足的事业时,最好还是勇敢地走出来。人生忌恋战,有些事,大局既已无望,宜迅速放弃,另谋出路,不可空耗自己一生。一个人想干什么和能干什么是两码事,必须在能干的范围内选择想干的事。若在某个圈子长期出不了成绩,不如改行做更适合自己的事业。抛弃虚荣心,哪怕降低一个档次,只要能发挥自己的特长,就能干出更大的成就,找到自己的人生价值。

今日事今日毕，不拖沓才能有效率

所谓“日事日清”就是当天的事当天完成，做事有条不紊，不留尾巴。如果在处理繁杂的事务性工作时我们能坚持这个原则，就不会浪费时间，不会扰乱自己的神志，办事效率就很高。

在致富的道路上，富人总是跑在前面的人，穷人则被甩在后面。就人先天的体力与智力水平说，本来是相差无几的，穷人之所以跑得慢，一是因为方向不明确，瞻前顾后；另一个原因就是方法的问题了，也就是说他们还不明白如何才能最大限度地发挥自己的能量。

一年有365天，一天有24个小时，这对富人和穷人都没有什么差别。如果要在一定时间内完成由穷到富的积累，最可能的途径就是多做事、多成事。提高效率是一个大话题，答案却是简明的，其实，越是有效的、可操作的理念越会以一种简单的面目出现。

“日事日清”，是我们提高办事效率的最可靠的途径。

凡事都要及时处理的优点是显而易见的，比如当你收到一封信时，看完后应立刻写回信，如若拖后几天，写回信时就要再读一次原信，也就又浪费了一次时间。如果有事非得做决定，便立刻做出决定。脑海中一旦闪现出对工作有用的想法和主意时，也马上动手记下来。无论什么事，“再来一次吧”都会造成时间的浪费。对于生活中那些繁杂的事务性问题，立刻动手去做才是上策。

日事日清的提法看似简单，对于纠正人们行动上的偏差却意义深远。海尔的成功，就是将“日事日毕”的良好习惯注入企业的管理过程中并提炼成 OEC 管理法的结果。

OEC 管理法也叫日清日高管理法，它是英文“Overall Every Controland Clear”的缩写，其中的含义是全方位对每人、每天所做的每件事进行控制和清理，并要求每天都要有所提高，做到“日事日毕、日清日高”。海尔总裁张瑞敏曾经借用了复利计息的例子形象地阐述了“日事日毕、日清日高”的作用：例如把 1 元钱存入银行，以 1%的日利率按照复利计息方式计算利息，只需要 70 天，这 1 元钱就可以变成 2 元钱。因此，对于企业或个人而言，只要今天比昨天有所提高，即使提高不大，从一个较长的时期来看，累积起来的成果也会相当可观。这可以通过哲学上的量变与质变互相转化的原理来解释。

“日清”是“日事日毕，日清日高”的概要。它的基本含义是当天的事情当天完成，当天的效果有所提高。日清是海尔企业独创的 OEC 管理的核心和精髓，其意义在于：

第一，所有员工每天的工作任务心中有数，达到自主管理；

第二，工作效率高，强调当天的事情必须当天完成；

第三，每天都有进步，确保企业的成长。

“日清”给海尔带来的轰动性、持久性的效益已是人所共知的事实，对于个人来说，日事日毕意味着效率，养成这种习惯意味着你又向成功迈进了一步。

为了更好地达到“日清”的效果，我们还可以根据以下的细则来控制自己的步调。

你可以制定一个工作卡片，在工作卡片上，第一栏是制定一天所需要完成的事情，第二栏是一天实际完成的事情。两栏相比较，我们就可以发现自己在什么事情上面浪费了时间，以此来加强自己的时间感。

要控制完成一件事情的时间，这就要求我们，预告限定我们完成一件事情的时间，也在工作卡片上写下你所要做的每一件事情所需的时间，这样可以加强你工作的节奏感。再次，你可以要求自己一次就把事情做好，不要留下其他残余的东西，更不要使工作留下缺陷，等待下次抽时间来解决。你只有在做第一件事情时100%地做好，才能够给第二件事情100%的时间。

第二种办法，在单位时间内做更重要的事情。这就需要你分清事情的轻重缓急。首要的问题是，你要决定什么事情是重要的，什么是不重要的。

重要的事情往往都与工作的目标或者企业的目标有关，也可以是与个人的目标相关。凡是有利于工作价值的增长，有利于工作目标的实现，有利于人生幸福的事情都可以认为是重要的事情。把这些事提上日程而立即着手去做，你会发现自己每天都在从容地向着目标迈进，越来越接近心中的梦想。

我们大多数人都有经验，影响时间效率的往往并不是那些难度大的或者重要的事情，而往往是一些繁琐小事，诸如寻找文件等。据统计，一般公司职员每天要花2~3个小时寻找乱堆乱放的东西。每年因东西摆放不整洁和无条理，将浪费近20%的时间。

而真正高效率的人，是没有这方面的困扰的。他们从来不显出忙乱的样子，做事非常镇静。别人不论有什么难事和他商谈，他们总是彬彬有礼。在工作场合，他们寂静无声地埋头苦干，各样东西安放得整齐有序，各种事务也安排得恰到好处。因为工作有秩序，处理事务有条有理，所以就不会浪费时间，不会扰乱自己的神志，办事效率就很高。

人背着包袱是走不远的，思想上的误区固然要避开，即使在处理事务性的工作时也要养成良好的习惯。一天一个新开始，合起来就会向前跨进一大步，低能和高效、贫穷与富足之间的距离，将被逐渐缩小。

看不到希望时说明你的准备还不够充分

那些具备成功潜质的人，即使在逆境之中，也不会因为环境不利、希望渺茫、条件艰苦而放弃做准备。当你还默默无闻的时候，不妨先尽力做好普通人、普通事，这样你的心态将更平和，视野将更广阔，或许会发现许多意想不到的机会。

我们必须承认，世间没有绝对公平的事儿，拿人与人的先天基础来说，差异就是客观存在的。有人博闻强记、一目十行，你可能连上三个一年级，干什么都跟不上趟儿；有人身材高大、英俊潇洒，你可能还不足一米七零，并且多灾多病；有人一开始创业就从老爹那儿拿来上亿的启动资金，你可能在结婚时都是自己张罗着租的房子。

这些都还不要紧，只要你坚信自己还有前途，你的前途就是光明的。

艾森豪威尔年轻的时候，一次晚饭后跟家人一起玩纸牌游戏，连续几次都抓了很差的牌，他开始不高兴地抱怨。母亲停了下来，正色对他说道："如果你要玩，就必须用你手中的牌玩下去，不管那些牌怎么样！"

他一愣，听见母亲又说："人生也是如此，发牌的是上帝，不管怎样的牌你都必须拿着。你能做的就是尽你的全力，求得最好的效果。"

很多年过去了，艾森豪威尔一直牢记着母亲的这句话，从未再对生活存在任何抱怨。相反，他总是以积极乐观的态度去迎接命运的每一次挑战，尽其所能地做好每一件事，从一个默默无闻的平民家庭走出，一步一步地成为中校、盟军统帅，最终成为美国历史上第三十四任总统。

人生如打牌，既然发牌权不在你手里，那么，你能做的只有用你手里的牌打下去，并努力打好，除此以外，你没有任何选择！我们的天分，我们的起点，就是上帝发给我们的牌，这已不可改变，但怎么出牌却没有一定之规，这正是我们可以决定自己命运的地方。

事实上，在“前途光明”或“希望渺茫”之间，本来也没有一个不可逾越的界限，比条件更重要的，是心态。

即使同在困窘之中，人与人对现实的认识也是不同的。一些穷人在一无所有的时候，往往会心安理得地受穷。他不仅对自己，也对别人说：人的命，天注定，胡思乱想没有用。他们很快被环境同化，并且从心理到生理都习惯了这种坐井观天式的安乐。而那些具备成功潜质的人，即使在逆境之中，也不会因为环境不利、希望渺茫、条件艰苦而放弃做准备。他们总是能想出办法、创造出条件去学习，去思考，去实践。

维斯卡亚公司是20世纪80年代美国最为著名的机械公司，其产品销往全世界，并代表着当时重型机械制造业的最高水平。许多人毕业后到该公司求职遭拒绝，原因很简单，该公司的高级技术人员爆满，不再需要各种高技术人才。

科曼是哈佛大学机械制造业的高材生，和许多人的命运一样，他在该公司每年一次的用人测试会上被拒绝申请。科曼并没有死心，他发誓一定要进入维斯卡亚重型机械制造公司，于是，他采取了一个特殊的策略——假装自己一无所长。他先找到公司人事部，提出为该公司无偿提供劳动力。公司起初觉得这简直是不可思议，但考虑到不用任何花费，也用不着操心，于是便分派他去打扫车间里的废铁屑。一年来，科曼勤勤恳恳地重复着这种简单而劳累的工作。为了糊口，下班后他还要去酒吧打工。这样，虽然得到

老板及工人们的好感,但是仍然没有一个人提到录用他的问题。

20世纪90年代初,公司的许多订单纷纷被退回,理由均是产品质量问题,为此公司将蒙受巨大的损失。公司董事会为了挽救颓势,紧急召开会议商议对策,当会议进行一大半却未见眉目时,科曼闯入会议室,提出要直接见总经理。在会上,科曼把对这一问题出现的原因作了令人信服的解释,并且就工程技术上的问题提出了自己的看法,随后拿出了自己对产品的改造设计图。

总经理及董事会的董事见到这个编外清洁工如此精明在行,便询问他的背景以及现状,科曼当即被聘为公司负责生产技术的副总经理。原来,科曼在做清扫工时,利用清扫工到处走动的特点,细心察看了整个公司各部门的生产情况,并一一做了详细记录,发现了所存在的技术性问题并想出了解决的办法。为此,他花了近一年的时间搞设计,获得了大量的统计数据,为最后一展雄姿奠定了基础。

如果我们也有科曼这种埋头苦干、锲而不舍的精神,有在平凡中求伟大的品性,那么离成功也就不远了。要知道,在整个社会中,除了一些特殊的人从事特定工作之外,一般人的工作都是很平凡的。虽然是平凡的工作,但只要努力去做,和周围的人配合好,依然可以做出不平凡的成绩。

在你还默默无闻不被人重视的时候,不妨试着暂时转移一下自己的物质目标、经济利益或事业目标,做好普通人、普通事,这样你的视野将更广阔,或许会发现许多意想不到的机会。

5年前,陈明18岁,高中毕业后进城谋生。在城里转了两天,总算找到了一份工作,就是当一名送水工。他一没有阅历,二没有工作经验,有的只是年轻力壮,当送水工正好合适。

他对每一位客户都很有礼貌,敲门总是轻轻的,进门总是把鞋子脱了,光着脚进屋,而且每送一次水,他都会记下客户的地址,并在心里默念上几遍。这样，下次送水的时候，就不用走弯路，可以走最近的路。如此一来，他的效率大大提高了，每天，他都比别人多送些水，他的收入也增多了。

一个送水工，一般每个月只有500元钱的收入，而他，也不过只有600元左右。那些送水工，干上一年半载不干了，另谋高就去了。而他，干了一年又一年。

5年，对于一个工作辛苦的人来说，很长，但是对于一个工作快乐的人来说，则很短。陈明开开心心地当了5年送水工。5年后，他终于辞职了。

他用自己这些年的积蓄开了一家送水公司。人们觉得他必定失败无疑，城里的人家，早就订水了，他新开，谁订他的水？

人们却想错了，他没有失败，有很多人订他的水，订他的水的人，是他这些年认识的客户，以及客户的亲朋好友。每天，他的送水工来来往往地将公司的纯净水一桶桶地送出去。现在，他送水的业务占据了全城的一半。

有人问他是怎么出人意料地创造了这个奇迹的？他说，在这城里，干上5年送水工的人有几个？他们大多只干一年半载，而我一干就是5年，在这5年里，我结识了不少的客户，还跟他们的亲朋好友认识了。我给他们的印象都很好，我说我要开公司了，问他们订不订水，结果他们都表示愿意订我的水。况且，他们根本不记得我以前的那个送水公司，也不认那个公司，他们只认我这个人。如此一来，我的公司一开张就赢得了这么多订水的客户！

有许多人，他们一生最快乐的时刻，正是他们与贫穷作斗争、逐渐摆脱贫穷的时候。正是这段时间，他们为了将来的自立放弃眼前的享乐，一方面每天为面包而辛苦，一方面又滋养自己的心灵，努力使自己的智慧更多，境况更好，生活更幸福，对社会更有贡献。

成功是辉煌的，它背后的积累和准备工作却是无比艰辛和枯燥，当你厌倦或者有所动摇的时候，可以这样告诫自己：准备，是一步步接近希望的必需的历程。明日的成就，就是在为这段时光颁奖。

选定目标，你才能坚定不移地前进

穷人由于在生活中还没有扎稳根基，所以及早地明确自己的人生规划尤为重要。目标可以使你免于成为琐事的奴隶，全神贯注于自己有优势并且会有高回报的方面，从而最大限度地发挥自己的潜力。

成功激励大师陈安之最喜欢说的一句话是："成功等于目标，其他都是这句话的注解；不管你的目标是什么，只要你能够达成，这就是成功。"

目标能够使我们看清自己生活的使命，有助于我们安排工作和生活的轻重缓急、大小巨细。这一点对那些还没有在生活中扎稳根基的穷人来说尤为重要，因为如果一方面为衣食奔忙，一方面对自己的人生又缺乏明确的规划，那么他们很容易成为琐事的奴隶而不能自拔。国外曾经有这样一则报道：300 条鲸鱼在追逐沙丁鱼时，不知不觉被困在了一个海湾里再也回不了大海。有人评论说："这些小鱼把海上巨人引向死亡，鲸鱼前仆后继，无端暴死，为了微不足道的小利而空耗了自己的巨大力量。"

没有目标的人，就像故事中的那些鲸鱼，他们也许有着巨大的能量，但他们把精力放在小事情上，小事情使他们忘记了自己本应做什么。要发挥潜力，你必须全神贯注于自己有优势并且会有高回报的方面。目标能帮助你集中精力。另外，当你不停地在自己有优势的方面努力时，这些优势会进一步发展，甚至会爆发出你自己都感到惊异的力量。

美国汽车大王亨利·福特是世界名人，他的伟大始于他的目标远大。他在自传中写道：我将为广大群众制造一种汽车，它大得足够一家人乘坐，但也小得只要一个人维护就够了。它是按照现代工程技术设计出的最完美的图样，然后用质量最好的材料、雇用最优秀的人员制造出来的。但是它的价钱很低，以至于工资不高的人也能买上一辆——并与其家人在上帝所赐予的广阔天地里享受快乐的时光。

目标确定以后，福特先生就开始了毕生的事业追求。

对于福特先生的成就，美国《纽约时报》写道：当他来到人世时，这个世界还是马车的时代。当他离开人世时，这个世界已经成了汽车世界。他为"大众"造车，大众既是机械师亨利·福特的受益人，也偶然成为使他受益的人。

伟大的目标是铸成伟大成就的前提。虽然目标是朝着将来的，是有待将来实现的，但目标使我们能把握住现在。为什么呢？因为目标要求我们把大的任务看成由一连串小任务和小步骤组成的。要实现理想，就要制定并且达到一连串的目标。每个重大目标的实现都是几个小目标、小步骤实现的结果。所以，如果你集中精力于当前的工作，心中明白你现在的种种努力都是为实现将来的目标修路，那你就能成功。

对那些总是在生活中迷失方向的人来说，最痛苦的事莫过于看到别人朝着既定的目标行进着，并且每天都有收获；而自己由于各方面的原因，整天都像无头苍蝇一样，撞到哪儿算哪儿。

没有目标，等于失去行动的方向。这个道理再简单不过了，但为什么有很多人总是找不到自己的目标呢？原因就在于他缺乏确定自己目标的能力。

是的，每个人心中都有着无数的欲望和梦想，但是很多人毕生也无法将这种欲望和梦想明确为具体的人生目标。梦想是模糊的、短暂的，具有强烈的不确定性。有些人今天对自己的未来还充满着期望，但也许一夜之间，就忘得一干二净，又重新憧憬起另一种生活来。

而目标能够帮助你将这种梦想的不确定性消除，使你前进的道路变得清晰而有序，每一个阶段的任务都一层层推开展现在你面前，让你知道如何开始行动。

有一次，在高尔夫球场，成功大师罗曼·V. 皮尔在草地边缘把球打进了杂草区。有一个青年刚好在那里清扫落叶，就和他一块儿找球，这时，那个青年很犹豫地说：

"皮尔先生，我想找个时间向你请教。"

当皮尔问他有什么问题时，他说："我也说不上来，只是想做一些事情。"

"能够具体地说出你想做的事情吗？"皮尔问。

"我自己也不太清楚。我很想做和现在不同的事，但是不知道做什么才好。"他显得很困惑。

"原来如此，你想做某些事，但不知道做什么好，也不确定要在什么时候去做。更不知道自己最擅长或喜欢的事是什么。"

听皮尔这样说，他有些不情愿地点头说："我真是个没有用的人。"

"哪里。你只不过是没有把自己的想法加以整理，或缺乏整体构想而已。"

皮尔建议他花两个星期的时间考虑自己的将来，并确定自己的目标，不妨用最简单的文字将它写下来。然后估计何时能顺利实现，得出结论后就写在卡片上，再来找自己。

两个星期以后，那个青年显得有些迫不及待，至少精神上看来像完全变了一个人似的在皮尔面前出现。这次他带来明确而完整的构想，已经掌握了自己的目标，那就是要成为他现在工作的高尔夫球场的经理。现任经理将在5年后退休，所以他把达到目标的日期定在5年后。

他在这5年的时间里确实学会了担任经理必备的学识和领导能力。经理的职务一旦空缺，没有一个人是他的竞争对手。

现在他的地位变得十分重要，成为公司不可缺少的人物。现在他过得十分幸福，非常满意自己的生活。

在你为确定不了自己的人生方向而感到迷茫的时候，应该仔细地思考一下这些问题：自己想做什么？想过怎样的生活？自己和别人、社会想保持怎样的一种优势关系？在哪种状态之中自己会感到最满意？

也许对很多人来说，改变自我是一种极大的痛苦，但是对那些决心要改造自身的劣势的人来说，改变自我却是一种乐趣和幸福，因为他们是在追求成功人生，是对自己负责。

有了目标，人生就变得充满意义，一切似乎清晰、明朗地摆在你的面前。什么是应当去做的，什么是不应当去做的，为什么而做，为谁而做，所有的要素都是那么明显而清晰。

目标是茫茫大海上的灯塔，它能给我们指引前进的方向，让我们的心中充满了希望。在我们想要睡懒觉的时候，是它帮我们克服自己的惰性，将我们从温暖、舒适的被窝里拉出来，去做我们应该做的事情；在我们感到困难重重的时候，是它燃起我们成功的渴望，鼓起我们奋斗的勇气，坚定我们前进的步履。目标的有无，决定了我们将度过怎样的一生，是使人眷恋，还是让人厌烦；是丰富多彩，还是兴致索然。

不断学习是不被淘汰的保障

一个人小时候所受的校园教育，是父母送给你的原始积累。进入社会以后，接受新的资讯、学习前人的经验、探求行业的秘密，都是更广义的学习。 成功，取决于人的能力；而能力，则取决于人的学习——归根到底，成功取决于学习。

农耕社会,土地是最重要的资源;工业社会,能源是最重要的资源;知识社会,头脑是最重要的资源。学会了学习,一切都会随之而来。毫不夸张地说,学习能力是“元能力”,是一切能力之母。

一个人小时候所受的校园教育,是父母送给你的原始积累。进入社会以后,等于你又重新更换了一所更大的学校,另一种广义的学习的帷幕刚刚拉开。一个真正善于学习的人,随时随地都注意磨炼自己的工作能力,任何事情都想比别人做得更好。对于一切接触到的事物,他都细心地观察、研究,对重要的东西务必弄得一清二楚。他也随时随地把握机会来学习,珍惜与自己前途有关的一切学习机会,对他来说,积累知识比积累金钱更重要。他随时随地注意学习做事的方法和为人处世的技巧,有些极小的事情,也认为有学好的必要,对于任何做事的方法都仔细揣摩、探求其中的诀窍。如果他把所有的事情都学会了,他所获得的内在财富要比有限的薪水高出无数倍。

1987 年,王志东从北大校园走了出来,开始在中关村打工,他发现那里有很多可学的新东西，许多技术比在图书馆期刊里看到的还要新、还要快。那时候中关村还叫电子一条街，他在一家仅有三五个职员的公司打工，整天泡在里面，白天接待客户，晚上安装软、硬件。在这个过程中，王志东学习了许多软件和硬件的安装，了解了很多东西，后来他学着加密、解密，搞开发和移植。

由于公司小，拉客户、谈判、拟合同、调试、装机、配软件、培训和收钱都是王志东一个人干。许多人并不看好这种工作，尤其是北大同学觉得王志东不搞正经学问搞营销，赚点小钱，特俗。

但是王志东没有为虚名所累，还是留在中关村，因为他觉得学校里该学的东西已经掌握得差不多了。他觉得自己天生有一种务实的习惯，认为自己的确需要继续学习，但不是在学校，他给自己的任务是“下基层锻炼”。王志东说回过头来看，真的学到了很多东西，客户、同行、技术等方面都接触到了。

有了中关村最底层的工作经验，凭着对自身实力的信心，1992 年 4 月，王志东与同学合伙开办了公司，走上了辉煌而艰难的创业之路。

2000 年，担任新浪首席执行官的王志东，个人财富就达到 5700 万美元，成为中国 IT 业的领军人物之一。

我们常会听到有人抱怨薪水太低、运气不好、怀才不遇，却不知道身处一所可以求得知识、积累经验的大校园里，今后一切可能的成功，都要看自己今日学习的态度和效率。无论目前职位多么低微，汲取新的、有价值的知识，将对你的事业大有裨益。

据国外研究机构测算，21 世纪的社会文盲已不再是那些不识字的人，而是那些不会学习的人。在这个时代，我们原有的知识正在以每年 5%的速度不断“报废”，如果不随时进行更新和补充，10 年后就会有 50%的知识变得陈旧和老化，这样的我们又谈何成功呢？

每个人在自己的发展过程中一定都有很多学习的机会，假如他能抓住

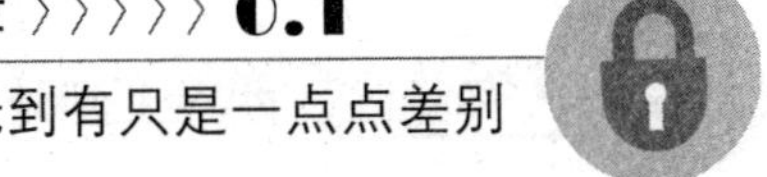

这些机会，成功就是早晚的事。能通过各种途径汲取知识的人，才能使自己的学识更加广博，使自己的胸襟更加开阔，也更能应付各种各样的问题。

如果你真有上进的志向、真的渴望造就自己、决心充实自己，你就必须认识到，无论何时、无论什么人都可能增加你的知识和经验。假如你有志于出版业，那么一名普通的印刷工会帮助你了解书籍印刷的知识；假如你热衷于机械发明，那么一名修理工的经验也会对你有所启发。

生活中有这么一类人：在商店里工作多年，只会按顾客的要求拿东西，对商业一窍不通。他只是在挣钱糊口，不思考、不关心商品的特点和顾客的需求，如果他不被淘汰的话，只能当一辈子售货员。

而一些商店里的学徒和公司里的小职员，尽管薪水微薄，但他们工作却很努力，尤其可贵的是，他们能趁着空闲的时候，如晚上和周末时间，到补习学校里去读书，或是自己买了书来自修，以增进他们的知识，为了日后的工作晋升或开创自己的一番事业奠定基础。这些精明强干、善于思考的年轻人，能在短时间内发现一个行业的秘密，时机一旦成熟，就能独当一面。

两相比较，后者立志坚定、注意观察、勤于思考、善于学习，他将获得成功；前者恰恰相反，不管他们是否满足于现状，他们这样庸庸碌碌地混日子，永无出头之日。

要想取得成功，就要必须有不断地学习新知识的渴望，必须有向成功人士和杰出同行学习的远见，还要正确地评估自己的目标和能力，然后模仿、运用、调适。如果肯努力的话，就会不断地进步。

花在学习上的时间，可能一时见不到功效，可在这种潜移默化之中，你会逐渐提高层次，然后由量变到质变，必有厚积薄发的时刻。

成功只是比别人多做一点点

你没有义务要做自己职责范围以外的事，但是你也可以选择自愿去做，以驱策自己快速前进。主动是行动的一种特殊形式，不用别人告诉你做什么，你已经开始做了。具有主动性的人，在各行各业都是出类拔萃的人才。

对于富人，穷人往往只被他们辉煌灿烂的业绩所吸引，而忽视了他们曾经为之付出的努力。单靠运气成就不了富人，当年他们和穷人站在同一条起跑线上的时候，就是凭着多看、多学、多问、多做的韧劲，才在人群里脱颖而出。

成功只要多做一点点，道理很简单，也很实用，可在生活中偏偏就有人做不到。

住在一家旅馆里的一位旅客从楼上急匆匆地下来，到了大厅里的收款台前结账，离乘火车的时间只剩下15分钟了。突然，他想起还有一些东西忘在房间里了。

“喂，招待！”他对旅馆招待员说，“跑上去看一下我是不是把一包东西忘在桌子上了？快点！”

招待员跑上楼去了。5分钟过去了，这位旅客在客厅里走来走去，看样子非常着急，然而那个招待员空着手回来了。

“是的,先生,”招待员说,“你的包裹确实留在房间里的桌子上。”

请不要仅仅把这个故事当成一个笑话看,事实上,在现实中也有一些人像那位招待员一样,对待工作敷衍塞责。表面上看也没有做错什么,却总是欠缺一种主动精神。

一天,一名叫丽塔的女雇员匆匆走进经理的办公室,一屁股坐在椅子上。她在公司客户服务部工作。几周来,客户们纷纷来电话抱怨货物发运有误,弄得她应接不暇。她对这种情况感到厌烦透了,要求经理采取点措施,不然她准备辞职了。

“好吧,丽塔。”经理像往常一样说,“我会搞清楚是怎么回事的。”

她道了谢,起身离去了。丽塔得到了她寻求的一点安慰,一点保证。但她因此暴露了自己的心态:我是个“小人物”,不应当成为处理问题的人;我只想每天来上班,一切都顺利。

采取“小人物”态度工作的职工,无异于在告诉别人,他不打算承担更多的责任。倘若丽塔走进经理的办公室时,是带着解决问题的办法,而不是问题本身,她也许会使自己成为晋升对象的。

工作中,人人都会遇到问题,关键在于你怎么办。专家的忠告是:靠自己解决问题。因为问题是显示你的才干、给公司做出重要贡献的机会。事实上,不少晋升机会都是由那些聪明的雇员干超出其职责范围的工作时创造的。

你没有义务要做自己职责范围以外的事,但是你也可以选择自愿去做,以驱策自己快速前进。要做多一点,做妥当一点,多过他们所希望或要求的,这是外国人所谓多行一里的精神。也就是说别人要求你和他行一里路时,你却和他行够两里,这种服务精神,渐渐地会使别人留意,甚至感激你的工作态度,给你一种精神上的满足,带来发挥你才能与服务精神的机会。

山姆用打工存得的钱,以分期付款的方式买下了一家汽车服务店。

头半年，尽管他每天工作10个小时，生意依然清淡。一天，有人来买一美元的汽油。山姆正闲着没事，说："先生，我顺便替你清理一下车厢。"扫完之后，顾客很满意："小伙子，我从未享受过如此好的服务，多加些油吧，全部加满。"

这样的结果让山姆感到意外又兴奋。他一下子从这件事中得到了启发，由此他给自己制订了一个经营策略——今后凡光临本店的每一个顾客，要尽量使顾客满意，并提供额外的服务。

果然，此举一出，他的店外整天排满了等候加油的车子。从经营这个小店开始，山姆逐步成为美国一家著名连锁店的创办人。

每一个成功者都懂得，出来做事，要有服务的精神，尽量能够做多一点，做好一点，主动一点。如果你的工作超过别人所希望或要求的，渐渐就会使人留意，甚至感激你的工作态度，给你一种精神上的满足，带来发挥你才能与服务精神的机会。

想挣钱和发财是每个人的本能愿望。可是许多人的挣钱方法太落后了，"金钱第一"的人因被钱迷住，而忘了这样的道理：不播种生长钱的种子，钱是不会自动来的。

然而不幸的是，许多人只是站在生命的火炉前，说道："火炉，请给我一点温暖，然后我给你加进一些木柴。"

如此类推，秘书往往会跑到老板那里说："给我加薪，我就会做得更好。"推销员会到老板那里说："升我为销售主管，我就会变得很能干，虽然我一直没有做出什么成绩，但让我做了主管，我会做给你看。"

"给我报酬，然后我会生产。"可惜事情并不是这样运行的。在你期望得到东西前，必须先有主动的付出才行。

在我们为别人做出服务的同时，世界用财富来作为与我们交换的东西，作为对我们的奖赏。如果我们拿出最好的服务，那么我们可以期待一个与之相称的奖赏。

【第三章】

0.2

留心机遇：为什么到处都是有才华的穷人

有些穷人会认为富人致富是碰到了好机遇，是上天的赐予。其实机会是一只悬在半空的金苹果，你不跳起来去摘，它也不可能正好落下来砸到你的脚背上。面对生活中出现的种种契机，你应该努力往前站，这小小的一步，加起来就是你的一生，穷人与富人的分界，也正在于此。

变化里隐藏着最多的致富机会

在这个多变的社会里，真正的危险不是经验的缺乏，而在于认识不到变化。当一些事物已经改变的时候，切记不要再按照原来的规则做事，否则一定会因为忽视游戏规则的变化而使自己的财富白白流失。

穷人要致富，必须向已经成功的富人学习。这本是毋庸置疑的，我们所要把握的，是学什么的问题。有人亦步亦趋，踩着富人的脚印走，人家关注哪个领域，他就跑到哪里掘金；人家做什么项目，他也马上放下手中的计划跟风。这样做的结果，往往是竹篮打水，虽然也忙得够呛，却总也看不到收获。

向富人学习，主要是学习他们的人生主张和做事方式，可以模仿，但要懂得变化。在多变的社会里，真正的危险不是经验的缺乏，而在于认识不到变化。

成功的人生首先是一种自我经营，当我们一旦发现对自己的定位与现实不合拍的时候，调整步调才是最明智的选择。

他是个农民，但他从小的理想就是当作家。为此，他一如既往地努力着，十年来，坚持每天写作500字。每写完一篇，他都改了又改，精心地加工润色，然后再充满希望地寄往各地的报纸杂志。遗憾的是，尽管他很用功，可他从来没有一篇文章得以发表，甚至连一封退稿信都没有收到过。

29岁那年，他总算收到了第一封退稿信。那是一位他多年来一直坚持投稿的刊物的编辑寄来的，信里写道："看得出你是一个很努力的青年，但我不得不遗憾地告诉你，你的知识面过于狭窄，生活经历也显得过于苍白。但我从你多年的来稿中发现，你的钢笔字越来越出色。"就是这封退稿信，点醒了他的困惑。他意识到，自己不应该对某些事过于执著。他毅然放弃写作，而练起了钢笔书法，果然长进很快。现在他已是有名的硬笔书法家，他的名字叫张文举。就这样，他让理想转了一个弯，继而柳暗花明，走向了成功。

一个人要想成功，理想、勇气、毅力固然重要，但更重要的是，人生路上要懂得舍弃，更要懂得变化。因此，要不断地收集相关信息，使自己对环境发展的趋势、事业发展的方向等有更充分的了解。一个人知道得越多，越有能力及早应变。

过去的日子一去不复返，现在的问题恰恰是未来的机会。穷人要致富，就不能把过去或者别人成功的经验当成灵丹妙药处处套用，不能拘泥于此走不出来。

东汉初年，辽东一带的猪都是黑毛猪，当地人也都习以为常。忽然有一天，一个商人家中的老母猪生了一窝毛色纯白的小猪，大家都争相来观看。附近一带的人都认为这一定是一种特异的品种，于是就有人给这个商人出主意说："如此干净、纯白的小猪，天下一定少见，你应该把它们送到洛阳，去献给皇帝，皇帝肯定会重重地赏你。"又有人走来给他出主意说："还不如把这群小白猪拉到燕京市场上去，肯定能卖个大价钱，物以稀为贵，错过了这个机会你后悔都来不及。"辽东商人听了，果然动了心。经过一番盘算，觉得还是把猪运到燕京市场去卖个大价钱比较合算。于是他把白毛小猪装上车，向燕京进发了。

经过三个多月的艰苦跋涉，等走到燕京时他的小猪也基本上都长大了，他喜不自胜,这一回不知道要发多大一笔财呀！这一天,当他把白毛猪运到市场的时候,简直给吓呆了,原来燕京市场中到处卖的猪都是白色的,白毛猪在这里不足为奇不说,价钱还不如辽东的黑猪。辽东商人眼看着猪卖不出去,空欢喜一场,心中十分懊悔,心想还不如在当地卖了,也总比现在这样强啊!

胡思乱想了一阵以后,他灵机一动:既然辽东没有白毛猪,这里白毛猪的价格也不贵,我为什么不从燕京贩几十头白毛猪回辽东？那样才是真正的物以稀为贵,肯定能赚一笔。于是他就从燕京贩了几十头白毛猪回辽东,很快就卖出去了。接着他又贩黑毛猪来燕京,也大赚了一笔。

这是一个古老的故事,它的现实意义在于市场的需求也是时刻变化的,当需求变化的时候,也正是财富发生转移的时刻,所以,一定要学会把握市场需求的脉搏,要根据市场的需求来制定自己的投资计划。

在现实世界里,这样的例子其实比比皆是:

一百多年前,犹太人列维·施特劳斯去旧金山经商,顺便带了帆布作为帐篷出售,但是他的帆布无人问津。在与工人接触的过程中,他了解到工人需要的不是帐篷,而是耐用的衣裤。于是,他灵机一动,把帆布交给裁缝店做了一条裤子交给一位矿工,这就是世界上第一条牛仔裤。

不知道在变化中寻找机会的人,结果只能是死路一条。在我国海南房地产热的时候,有许多人借此机会发了大财。但是,当海南房地产热接近尾声,经济泡沫开始破灭的时候,却有大量的投资者进入这个规则早已变化的市场,盲目投资,结果致使投资付诸东流,甚至背上了巨额的债务包袱。

当一些事物已经改变的时候,切记不要再按照原来的规则做事,否则一定会因为忽视游戏规则的变化而使自己的财富白白流失,甚至丧失获得更多财富的机会,丧失机会成本。

被誉为上世纪经营天才的通用汽车公司总裁杰克·韦尔奇说，他一生追求的只有三个字：变！变！变！有原则有方向地变，在变化中获得发展。在这个变革的年代，最怕的就是你把自己局限于某个既定的框架里而不思改变。

反应比别人快一点，才能获得更好的机会

在经济发达的今天，虽然“独享市场”已经不太可能，但凭借“先入为主”之势占领市场的领先地位还是可行的。如果穷人不学会独立思考，而只是哪里热闹往哪里挤，最高成就也不过是从别人的碗里分些残茶剩饭。

在许多竞技比赛中，并不存在绝对的优胜，篮球比赛中领先1分，赛马领先一鼻就是胜利，尽管优势非常微弱，但这已经足以分清胜负了。

穷人创富也是一样，和你起点相似、实力相当的都是你的劲敌。要想当同行者中的领头羊，就必须始终保持一个领先的地位。现代的商业竞争，没有什么秘密，谁能在最短的时间内发挥出自己的优势，谁就能“称王”。

在科技发达的今天，虽然“独享市场”的时间越来越短，但也能凭借“先入为主”之势顺利抢占市场龙头地位，不管怎么说都比跟在别人后面，费劲去争夺市场要强得多。因技术领先而形成的市场垄断，也是许多公司快速成长、许多人快速致富的手段。他们利用竞争者无法及时跟进这段时间，获得了丰厚的利润。日本的索尼公司就是不断推出新产品，经常享受“垄断”所带来的厚利而成长起来的。

索尼公司从20世纪50年代中期开始成长。他们不断推出一些市场上不曾有过的产品，如电晶体收音机、电晶体个人专用电视机等，由于索尼公

司对市场引导的先锋性，以致每推一种新产品，其他大公司都会静观其行，如果成功了，他们马上推出相似产品上市。如此，索尼公司更必须具有先锋性的创意，才保证有足够的发展动力。

某一天，索尼公司总裁盛田昭夫看到一个职员一手提着手提式录音机，一手拿着耳机，看起来不太开心，盛田昭夫问他有什么心事，他说："喜欢听音乐，可提着听太不协调了。"一个创意很快来到盛田昭夫的脑子里——制作一个随身能够听的录音机。在一次产品策划会议上，这个创意普遍不受欢迎，但盛田昭夫坚持尝试。不久，第一架带着小型耳机的实验品送来了，灵巧的尺度与高品质的音效使他很开心。1979 年，索尼推出第一台随身听。

很快，这种小型录音机供不应求，他们借助广告来刺激销售，而且试制了不同机型。如防水、防尘机型，甚至有更多改良的机器型号。当然其效果是明显的，如著名指挥家卡拉扬、音乐名家史坦恩都找盛田昭夫订购，也许正因为如此，索尼公司才跻身于全世界最大的耳机制造商之林，在日本也占有将近 50%的市场。

创造出一个全新的市场，你就没有竞争对手。比尔·盖茨曾经说过：在微软仍然盛行千万富翁精神，因为我们的主要目标之一就是不断地自我更新——我们必须确保是我们自己而不是别的什么人将我们的产品更新换代。对于一个企业来说如此，对个人来说也是如此，即使你还不具备领先一步、创造新产品的能力，但是如果能率先发现螃蟹的美味，依然可以保证自己的收获。

机不可失，时不再来，机遇对每个人来说都是均等的。谁能超前一步看到机遇，先人一筹抓住机遇，谁就能获得旺盛财气，猎取到更多财富。总是步别人后尘、跟在别人屁股后走的人是赚不到大钱的，这样机遇就永远属于别人，自己得到的只是残杯冷炙。

卡赫利法是沙特阿拉伯著名商业家卡西比的后裔，当他继承其家族企业衣钵时，曾辉煌一时的家族企业已出现了市场萎缩、资金紧张等情况，一时间千疮百孔。卡赫利法被逼无奈，只好背水一战了。

卡赫利法天生具有一种“不安分”的商人性格，他明白，步家庭企业经营道路的后尘，一定行不通，只有独辟蹊径，才能将败局挽回。

这一年，阿拉伯半岛十分炎热，令人难以忍受。卡赫利法动了一番脑筋：假如开设一家冷冻食品店，一定会有利可图。他冒着失败的风险，投入一些资金，在美罕石油公司的旁边开设了一家冷冻食品店，出售袋装食品和冷饮。这些商品很受饥渴难忍的顾客欢迎，商品经常供不应求。一些大商人也纷纷来进货，冷冻食品店从此发展了起来。

倘若这样经营下去，凭借卡赫利法的智谋，别人很难取胜。钱，他还是能够赚的。然而，卡赫利法不愿意与后来者在同一条起跑线上，他想刻苦创新，寻找新的起点。经过分析了解，他又盯住尚未兴起的渔业。他将冷冻食品店卖掉，开设了一家渔业公司，从事渔业贸易。经过几年的努力，到1986年，卡赫利法已经成为海湾地区渔业的巨头，他拥有十多艘渔船，年渔业产值500万美元。

其他一些商人，看到卡赫利法在发渔业财，十分羡慕，便接连不断地挤了进来，都想抢先。一时间，波斯湾千船齐发，万网并张，展开了一场激烈的市场争夺战。

卡赫利法明白，捕鱼船能够不断扩展，但鱼却不增加。于是，他又将船队果断卖掉，从渔业退出，寻觅另一条创新的道路。没过多久，卡赫利法发现中东饮用水匮乏，遂开办了一家生产、经营矿泉水的公司，又一次大获全胜。

卡赫利法从起初的默默无闻，发展成为赫赫有名、富甲一方的大富翁，这一次次的机遇、一次次的成功，使卡赫利法在阿拉伯商界成为一个传奇式人物。为什么卡赫利法总是和财富有缘，永不言败呢？其中一个非常重要

的诀窍，就是无论做什么他都会先出手，比其他大大小小的商人们快了半拍。

凡在商海中摔打过来的人，都明白这个道理：领先一步，你想不发财都难！

跳舞热，服装热，旅游热，钓鱼热，台球热，电子游戏热，电脑热，保龄球热……这众多的热，不知热昏了多少人的头，也不知填满了多少大小老板的腰包。

一般来讲，市场需求具有梯度递升的规律性。因此，创业者应该有超前意识，预测市场的潜在需求，捕捉发展的商机。穷人的资金小，起点低，那么就不要和人硬碰硬，我们可以瞄准边角空白，做到人无我有，人有我新，通过合理的经营，提高自己的竞争实力。

错失机会是因为准备不足

那些总是被机遇青睐的人并非天生的幸运，而是他们对成功有更强烈的渴望，有更主动的精神。面对生活中出现的种种契机，你应该努力往前站，这小小的一步，加起来就是你的一生。穷人与富人的分界，也正在于此。

在社会上，穷人是微不足道的小人物，谦恭退让是他们最基本的生存法则。但值得注意的是，这种“好性格”也有其不利的一面，那就是他们在机遇面前表现得不够积极主动，该抓住的机遇抓不着，一次次地与成功失之交臂。

一些穷人最常有的感叹是：如果我当初怎样怎样，现在一定早有了如何如何的成就。他们总是为失败找借口——大好的财源是被人横刀抢走的，好职位也总是让他人捷足先登。而那些保持头脑清醒的人则没有这种想法，他们总是在睁大眼睛寻找机会，并善于抓住哪怕是一个极其微小的机会，从而让自己登上成功的舞台。

美国但维尔地方百货业巨子约翰·甘布士认为机遇无处不在，有时也许只存在万分之一的可能，但是毕竟它存在着。只要用锲而不舍的毅力去争取，就一定能有所收获。

他的座右铭是：“不放弃任何一个哪怕只有万分之一可能的机会。”甘布士这种充满进取心的性格，即使在日常生活中也表现得极为突出。

有一次，甘布士要乘火车到纽约去商谈一笔生意，由于事起匆忙，没有预先订票。因此甘布士夫人就打电话到车站询问是否还可以买到当日的车票。

由于当时正值圣诞前夕，去纽约度假的人很多，车票早早地就被抢购一空。所以车站的答复显然是没有车票了。但是车站最后强调了一点，说如果有急事一定要走的话，可以到车站来碰碰运气，看看是否有人临时退票，不过这个可能性很小，因为在过节，一般很少有人临时退票。

甘布士夫人沮丧地放下电话，向甘布士转述了车站的答复，她认为今天肯定不能走了，只有等下一次的火车。

谁知甘布士依然不慌不忙地收拾好行李，然后提着皮箱向门口走去。甘布士夫人连忙拦住他问："约翰，现在不是买不到票吗？你还去车站干什么？"

甘布士回答道："不是还有退票的可能吗？"

"可是这种可能性很小，只有万分之一啊。"

"我就是想去抓住这万分之一的机会，祝我好运吧。"说完，甘布士戴上帽子，顶着风雪朝车站走去。

甘布士到了车站，站在月台上，等了很久，仍是没有一个退票的人，但是他并没有着急，而且耐心地等着，同时还利用这个时间仔细考虑即将谈判的那笔生意的各个细节。

大约离开车还有5分钟的时候，一个女人急匆匆跑来，因为她家里有突发事件，所以她不得不将票退掉，而改坐第二班的车。

于是，甘布士掏钱买下了那张车票，及时地赶到了纽约。在纽约的酒店中，他打电话给他的妻子："亲爱的，现在我已经躺在纽约酒店舒适的床上。我抓住了你所认为的只有万分之一的机会。"

当代最伟大的篮球巨星迈克尔·乔丹说过一句话："我不相信被动会有收获，凡事一定要主动出击。"可是，大多数人都是被动的，如果一个人能采

取主动，他就能掌握整个局面。因为只有进攻，才会有成功的机会，如果你躲在家里不出门的话，你的机会一定会减少。

我们可以肯定地说，所谓“错过机会”，根源主要还在自己身上。你可以这样问自己：对于机遇，我是否具有强烈的愿望并且付出了应有的努力？

电影《笨的和更笨的》中有一个情节，劳埃德和他的朋友哈里，都竭尽全力地寻找真正的爱情。有一天，他们待在一条荒凉的道路边上，沮丧且束手无策。这时，一个身着比基尼的女孩驾驶着汽车停在他们身边。三个美得令人窒息的女孩走下来，面带羞涩地问他们：“嗨，你们知道哪里可以找到两个小伙子，和我们一起涂满防晒油旅行几个月，以证实我们的防晒油的效果吗？”

一个笨人迅速地回答：“当然知道！在沿着道路走3英里的小镇上就可以找到。”那些女孩见这俩傻瓜没领会她们的暗示，感到很是失望，转身呼啸着把车开走了。劳埃德看着消失在灰尘中的车，转向他的伙伴说：“你知道，哈里，一些家伙总是有好运气。我真心希望并且祈祷有一天相同的好运会降临到我们头上。”

对于机遇，对于成功，人们总有各种各样的说法。然而，不能否认的是，有些时候，机遇在一些人面前确实是平等的。只是当机遇突然出现在面前时，有人却迟疑了，犹豫了，结果与之擦肩而过；而有的人却能主动上前，大胆追求，于是便赢得了机遇的倾心，你可以说这是偶然，但你又怎能说这不是必然呢？千万别轻视那小小的一步，就是它，可能会改变你的一生。

那年，他受聘于一家地产公司。培训结业的那天，公司老总也来了。

进行了一番热情洋溢的讲话后，老总转身从公文包里拿出一沓文件问：“有谁愿意帮我整理一下这些资料？”

其实，他是很想试一试的，但看看四周大家都是沉默的，他不禁又有些犹豫，最终没敢站出来。

老总停了停，见无人敢应答，于是笑了笑，用手指向窗外那高楼林立的开发区道：“二十年前这里曾是一片蛮荒，在管委会的一次会议上，主任就曾这般问过‘在国家没有一分钱投入的情况下，谁有勇气站出来开发那片荒地？’有一个年轻人犹豫了很久，最后终于勇敢地站了起来。经过一番努力，十年后的今天，这里变成了现在这般繁荣的景象。”

虽然老总始终没说那个年轻人是谁，但他潜意识里明白那年轻人就是老总自己。

假如错过了这次机会，自己很可能将碌碌无为地度过一生。想到这儿，他猛地站起来说：“我愿意！”

老总什么也没说，只是笑着点了点头。在以后的日子里，他发现每次上司总是给自己比别人多很多的工作，其中不乏一些重要的公司机密。

不久，他得到了提升。转眼十年过去了，他已经有了自己的实业公司，并创下了惊人的业绩，他本人也成为商界的一颗璀璨明星。

有些人很想有所成就，很想获得成功，他们就束手坐在那里等待奇迹，然而，奇迹并不是光凭等待就会来的。

机会不会自动找到你，你必须不断又醒目地亮出你自己的优势，让别人发现你，进而才能赏识和信任你，因此，你必须勇于尝试，一次次地去叩响机会的大门，总有一扇会为你打开。

“宁可做过，莫要错过。”它提示我们在生活与事业中要有一种积极进取、果敢自信的态度。当你在事业追求中面对一个“可能”的时候，当你在人生旅途中遇有一个“机遇”到来时，要果敢地迎上去，抓住它，要充满信心，竭尽全力去做。因为行动是争取机遇、实现追求、通向成功的唯一途径。当你一次次“做过”以后，你定会感到：啊，我真幸运，我能拥有这样的成功，真是没想到。当你一次次“错过”以后，你不免叹道：唉，我真后悔，当初为什么不试一试呢？试一下该有多好！

没有机会的时候要制造机会

成功不是一张现成的馅饼，端上来就可以吃。一个成功者，首先就在于，他从不苛求条件，而是竭力创造条件。调动一切可以利用的力量，把不可能经营成可能，才最考验一个人的功夫。

亚历山大在打了一个胜仗之后,有人问他:“假使有机会,你想不想把第二个城邑攻下?”“什么?”他怒吼起来,“机会?我要制造机会!”

是的,世界上最需要的,正是那些能够制造机遇的人。

很多人都相信“生死由命,富贵在天”,其实,我们完全可以设计自己的命运。成功是需要很多条件的,比如,健全的体魄、聪明的头脑、雄厚的资金和广泛的社会关系等,但这些条件并不是每个人都能具备的。一个成功者,首先就在于,他从不苛求条件,而是竭力创造条件。

罗忠福,原籍贵州遵义,家庭出身“资本家”,后任珠海福海集团董事长,珠海市总商会会长,珠海市政协副主席。

1968 年底,17 岁的罗忠福带着黑五类的成分,被分配到贵州最偏远的大山中去,走与工农相结合的道路。那地方算是中国最贫穷的地方之一,挑一担水要走 10 千米山路,有时一个月吃不上一口粮食,只有靠瓜菜充饥。他不怕苦,却不甘心自己年轻的生命永远埋没在那里,他发奋要出人头地。

1969 年的一个夏天,在故乡贵州遵义山区的一处悬崖上,罗忠福用绳子吊在峭壁上涂写着“毛主席万岁”的大红标语。足下，是数百米深的峡谷。此时，恰好有一批从省城来的记者路过，这一壮举立即引起他们的强烈兴趣。不久，《知青罗忠福用生命抒写对毛主席的热爱》的大幅新闻照片出现在贵州省的各大报纸上。

这一切是罗忠福精心策划的。因为他的成分是“资本家”，要从农村推荐上学是不可能的。他事先得知记者要来采访的消息，而峭壁是记者必经之路。于是，他耗尽十几元积蓄，买了一桶红漆和一把刷子，让人吊在峭壁上，于是一夜之间他就成名了。

罗忠福最初做生意是在他回遵义探亲时，无意之中看到城里有人以9角钱一斤收购槐树籽，立即联想到自己插队的大山到处是槐树，立即兴冲冲地回知青点，向村里人宣布，以3角钱一斤收购槐树籽，每收满一袋就利用探亲的机会进城卖掉。后来他发现插队地方的当地人不会使用化肥，就先从城里带一些用在自己的自留地里。几个月后，他种出的南瓜、水果、萝卜的丰收景象让当地农民羡慕得要死。他们都来找他要肥料，罗忠福乘机做起了化肥生意，既帮助周围老乡，又大赚其钱。

这时的罗忠福，因为时代条件所限，还没有正式进入商界，但从他的所作所为，我们已经可以看到他成为富人的潜力。一个想出头、敢出头，并且想尽一切办法要出头的人，放在哪里，前途都是不可估量的。

人不仅要把握机遇，更需千方百计，伸长触角，张大触须，创造机遇。走向成功的人，绝不是一个逍遥自在、没有任何压力的观光客，而是一个积极投入、持之以恒的参与者。善于制造机遇，并张开双臂迎来机会的人，最有希望与成功为伍。

在成功的金苹果将要砸到脚背上的时候，只要不是太蠢钝的人，都会伸手去接。这并不困难，调动一切可以利用的力量，把不可能经营成可能，才最考验一个人的功夫。

罗蒂克·安妮塔是英国著名的女企业家，她是美容小店连锁集团董事长、家庭主妇创办公司的成功典范。

安妮塔出生于意大利，毕业于面向贫民子女的牛顿学院，与丈夫戈登结婚后，日子过得并不宽裕。

安妮塔决定自己创业。结婚前，安妮塔曾到南太平洋旅行，对土著居民使用的以绿色植物为原料的化妆品产生了浓厚的兴趣，她采集了不少天然化妆品配方。她认为天然化妆品一定会比市场流行的化学化妆品更受消费者欢迎，当前的困难在于4000英镑的投入，唯一的办法只有向银行贷款。

安妮塔带着两个女儿来到小汉普顿的一家银行，向经理诉说她的困境，说她急需开一间小店养家糊口，希望银行出于人道主义考虑，向她提供资金支持。经理认为银行不是慈善机构，拒绝了安妮塔的贷款要求。

但是，坚强的安妮塔没有绝望，她在时刻不停地想办法。安妮塔研究了一番，一周后她穿上特制的西服，俨然一副商界女士的打扮再次来到银行。她还准备了一大摞文件，包括可行性报告和房产凭据等。文件中把她筹划的小店吹捧成世界上最好的投资项目，把自己美化成具有丰富经验的化妆品专业的商界奇才。这次她改变了策略，用商业银行的游戏规则——越有钱的人越容易借贷，来与银行周旋。

那位银行经理因为一周前根本就没把安妮塔放在眼里，所以没认真注意她。这次改头换面再来时，竟没认出她来。安妮塔的资历通过了银行的审查，顺利地贷到了4000英镑，这笔钱成为她非常重要的启动资金。

1976年3月27日，安妮塔的美容小店正式开张。由于此前《观察家报》报道了她开店的情况，结果该店一炮打响，顾客盈门，第一天的收入就达到130英镑。

此后安妮塔不断开设分店，走上了连锁经营的道路，她的小店变成了遍布全球的大企业，许多当初抱有像她一样愿望的家庭主妇，加盟她的连锁集团后成为百万富婆。

做任何事情都不可能是一帆风顺的，不论你是穷人还是富人，都不可避免地要遭遇失败。结果是穷人在失败中选择放弃，否定自己；富人在失败中选择面对，并在失败中成长。

许多人处于贫困之中的时候，往往会抱怨命运没有给自己一个展示能力的平台，以至于有劲儿使不上，要致富也不知从何处下手。却不知你要上天，必须自己搬梯子；要入地，必须自己掘土。所谓机遇，你对它倾心，它也会对你钟情，给你报答。它绝不轻易光顾你的门庭，不愿意投入的人，也决然得不到它的偏爱与回报。机遇最喜爱善于进攻、有挑战性格的人，并乐意为其“效劳”。

你现在决定开始寻找机遇也并不晚

有人的地方就有需求，有需求就有生意，潮流一浪接一浪，市场是可以永远做下去的。有心寻找机遇的人，不必有资金太小、起点太低的顾虑。放开手脚去耕耘，收获是迟早的事儿。

人们习惯于把“百年”当做生命的最大计量单位，把“百年”当做一个完整的生命过程。所以，人们约定俗成地默许了，一生只有一次年轻，只有一个梦想，只有一个起点。于是诸如“二十岁时不健康，你将永远难以拥有健康；四十岁时不富有，你一生也不会富有”之类的话，才得以像真理似的流传下来。

当“晚了，晚了”冠冕堂皇地稳坐于人类思维的高堂，人们就没有了重新开始起跑的机会，却有了松懈、怠惰的理由。

现今谈起创业致富，很多人常常慨叹：难了，可不是前些年了，竞争太激烈。

一个极为有趣的现象是：中国刚刚改革开放，有些人迫于无奈当了老板，并且是出手必赢。稍后，便有很多人说，晚了，要是头几年抓住机会就好了。言外之意，现在不行了，好生意都被人家做了。也有不听邪的，“晚了”也不怕，照做不误，结果还有大批的成功者。于是又有人叹气：现在说什么都迟了，唉！不叹气的人还是有的，起来行动就获得了成功，这却又引发了新一轮“晚了”的慨叹。

那些感叹生意难做、项目难找的人，无非是被先行者的高科技、大手笔吓住了，自己刚起步，拿什么与人比拼？这种想法无异于画地为牢，自己束缚了自己的手脚。生意是人做的，八仙过海，各显神通，即使是超人，也不可能独霸市场。

美国的施乐公司在复印机行业拥有五百多项专利，假如一个企业要花钱买它的五百多项专利，制造出来的复印机会比施乐贵几倍，根本没有市场。施乐用专利技术的办法来保护自己。

但是，施乐复印机有几个致命的缺点：

1.施乐复印机一般是大型机，虽然速度、性能都很好，但是价格高达几十万、上百万，大企业也只能买得起一台。

2.大公司里的复印机只能放在一个地方，不同楼层的人哪怕复印一张纸也要跑到那去，很不方便。

3.如果老板要复印人员晋升名单、涨工资等保密的文件，不愿意交给专门的部门复印，也就是说其保密性不好。

日本的佳能公司根据施乐存在的这几个问题，积极开发设计小型复印机，把价格降到十分之一、二十分之一；而且简单易用，不用专人使用；小巧方便，每间办公室都可以有一台，老板的办公室也可以有一台，解决保密问题。

就这样，施乐因为细节的原因，被佳能打败了。

日本人在小处着眼，制造出了令人信服的灵巧的高质量的产品，建立了在市场上的优势地位。“小”的精神之一是灵活，即要培养全面适应市场的能力，以细微的小差别、小改进不断满足顾客的需求。

有人的地方就有需求，有需求就有生意，潮流一浪接一浪，市场是可以永远做下去的。是的，穷人入行晚，起点低，但这并不是说穷人就因此没有致富的机会。实力是什么？有人以为实力就是钱，这句话不确切。实力是

指一切有利于自己的因素，如资金、人才、环境、天时、地利、人和等，成功与否取决于我们怎样利用自己所有的实力与对手抗衡。

大公司再大，也不可能面面俱到。作为顾客未必都能忍受大公司售货小姐那种缺乏人情味的服务方式，或者为求方便，避免浪费太多时间，于是乎就惠及殷勤待客的小公司了。类似情况到处可见。例如，在经营电脑设备或机械设备的行业中，某家公司即使规模小，倘若能做到交货快捷，及时满足顾客的需求，同样可以从强大的竞争对手那里获得相当的贸易份额。类似这样的情况，在评估市场潜力、分析竞争形势的时候，是需要充分考虑的。

穷人要做事业虽然不太容易，但也不可能所有的门都封着。

石义原是江苏一家纺织厂的工人，1999 年下岗时已经四十多岁了。为了养家糊口，他想自己做点儿生意。这时周围的人都劝他说你一没资金，二没技术，再说年龄也不小了，哪有精力和年轻人拼，不如在哪个单位找个清洁或保卫的活儿，也算省心省力。但这并没打消石义创业的信心，反复考虑后，他还是决定试一试。谁知这一干竟然干出了名堂，他以 4000 元起家，在不到 3 年的时间获利 50 万元。在谈到致富的诀窍时，石义深有感触地说："瞄准市场灵活投资，小本经营，也能获大利。"其实，他的做法很简单，市场上需要水果时，他便投资办水果摊。市场上需要元宵时，他便投资经营元宵。用他的话说："三年里跑遍大半个中国，投资经营了几百种群众需要的货物。"

可见，低投资成功的最重要因素就在于它的流动性强、资金周转快、投资项目变化多。有人称这种投资方式为"游击战"，这是最恰当不过的比喻。

低投资的产生是和人民生活息息相关的，它可以弥补大投资的遗漏项目，使投资市场更加丰富、完善。因此，低投资的成功在于它源于生活，且有较强的适应力。只要你拥有敏锐的眼光和灵活的手脚，就完全可以加入其中，走自己的路，赚自己的钱。

有心寻找机遇的人，不必有资金太少、起步太晚的顾虑。要知道，再坏的时机，也有人赚钱；再好的时机，也有人破产。再坏的行业，也有人成功；再好的行业，也有人失败。在创业的道路上，大有大的方针，小有小的路线；早有早的模式，晚有晚的做法。想得到就有可能做得到，穷人不必气馁。

任何一个可能的机遇都不应该放过

比鲁莽更糟糕的是犹豫不决。那些总是不敢做出决断的人，会平白失去很多好机会，埋没很多好想法。对穷人来说，心动不如马上行动，要知道，你在犹豫和观望中所浪费的时间和精力，有可能比失败后从头再来的过程还要长。

穷人要赚钱，要靠自己长期的刻苦奋斗，侥幸成功的例子毕竟不多，从这个观点来说，我们不宜过分夸大机遇的重要性。但是有一个事实你必须要注意，在同样辛勤的人群里，也有成就的高低之分。正因为这些差异的出现，社会面貌才呈现多姿多彩的变化，因此有人这样说过：机会是上帝的别名。

如果你能学会在时机来临之前识别它，在时机溜走之前就采取行动，生活中的难题就会迎刃而解。那些曾经遭受挫折的人，面对残酷的现实总是一味沮丧，却不曾意识到，他们虽然一而再、再而三地进行着努力，最终却总是失败，其原因就是没有选择好恰当的时机。

一个穷小子和一个富家小姐相识并相爱，但是他总觉得两人的身份不太匹配，所以不敢过于表现自己的热情。有一天，这个年轻人很想到他的恋人家去，找他的恋人一块儿消磨下午的时光。但是，他又犹豫不决，不知道究竟应不应该去，恐怕去了之后，或者显得太冒昧，或者他的恋人太忙，拒绝他的邀请。于是，他左右为难了很长时间。最后，他勉强下了个决心，坐上一辆三轮车去了。

车子终于停在他恋人的门前，他虽然后悔来，但既然来了，只得伸手去按门铃。现在他只好希望来开门的人告诉他说："小姐不在家。"他按了第一下门铃，等了3分钟，没有人答应，他勉强自己再按第二下，又等了2分钟，仍然没有人答应。他如释重负地想："全家都出去了。"

于是，他带着轻松和失望回去了。在路上，他心里想：这样也好，但事实上，他很难过，因为他又失去了一个与恋人相聚的机会。

你能猜到他的恋人现在在哪里吗？他的恋人就在家里，她从早晨就盼望这位先生会突然来找她，带她出去消磨下午的时光。她不知道他曾经来过，因为她家门上的电铃坏了。那位年轻人如果不是那么犹豫不决，如果他像别人有事来访一样，按电铃没有人应声，就用手拍门试试看的话，他们就会有一个快乐的下午了。但是，他并没有下定决心，所以他只好徒劳而返，让他的恋人也暗中失望。

每当面临一个新的机会的时候，惊喜和恐惧会同时在你内心悄然出现。惊喜的是一个良好的机会让你看到了成功的希望，而恐惧则是怀疑自己的能力，担心在这个机遇面前再一次成为一个失败者。这种心理往往会阻碍你制胜的决心，让你左右摇摆，举棋不定。

我们迎接一件事情的时候，是否有足够的决心，可以使事情的结果完全两样。比如有这样一位先生，他听说国外某一连锁机构要招募一些地区代理。这家公司的实力雄厚，远景也很好。他很想去试试，但是他怕自己能力不够，又怕应聘不上而丢脸。于是他犹豫着，没有下决心。直到最后，他发现另外一个比他条件差得很远的人居然成功了，他才后悔自己为什么不去试一试。

有的人虽然能力出众，却毁于这样一个小小的个性弱点，尤其是当他在

其他方面的能力都很强的时候，这是人生的悲剧。今天，有成千上万的人虽然在能力上出类拔萃，却缺乏果断的个性而沦为平庸之辈。

要知道，在任何情况下，不能信心百倍地做出自己的决断都是一个悲剧。那些总是犹豫不决的人，世上没什么东西能帮助他们形成迅速决断的习惯。一个人试图面面俱到，是抓不住事物的本质的。

从不轻易放过只有一次的机会，当机会来到面前时，狠狠地一把抓住，这正是许多富人的成功秘诀。

林建岳是香港一位赫赫有名的年轻企业家。在他宽敞的办公室里，奖杯陈列得四处都是，充分显示主人不凡的经历。的确是这样，做了三年香港足球队领队的林建岳，该捧的杯全都捧到了手，甚至人们想不到的他也做到了。

昔日纵横捭阖的"球经"令他在商场上长袖善舞。他经营的丽新集团曾经以"迅雷不及掩耳"的不还价策略，高价买入旧纽约戏院的地盘而名声大振。后来，又相继购入了纽约戏院对面钻石酒家旧址等多处地盘。三年后，该黄金地段的地价早已翻了很多倍，为林建岳带来了滚滚财源，并使他有实力连出重拳。不久前，林氏集团又投资亚洲电视，成为三分之一的股东……林氏集团在社会上的知名度大增。在回顾自己的迅速发迹时，林建岳说："纽约戏院的地皮不会有第二块，电视台也不会时时都有的卖，必须把握这只有一次的机会。"

决策就是决定性的、不可更改的，一旦做出就要尽力执行，就算有时候会犯错，也比那种事事求平衡、总是思来想去、拖延不决的习惯要好。当我们致力于形成一种快速决策的习惯时，哪怕在最初这种做法显得有些机械，它也会让我们对自己的判断力产生信心。由此，一个人将会获得一种全新的独立精神。

在现实中，机遇和挑战总是一起来的，于是有些人战战兢兢，不知何去何从；也有些人心存破釜沉舟之想，打定主意，便全身投入，由于急着应付眼前重重的险阻，反倒能激发出生命里的潜力。面对不可知的未来，那些比别人果断，比别人快的人，往往更能掌握先机。

接收更多的新鲜信息，才能发现更多的机会

一个人在家里闭门造车，头脑只会越来越钝化。而接受新信息也不是什么高深或困难的事儿，只要你热爱生活、积极亲近生活，就能快速感知外界的变化，从而做出反应。而这一切，就是我们抓住时机的源泉。

人们总是关注远方而忽视脚下。一些穷人们总是抱怨命运不公，没有给予他们获取财富的机会，殊不知，财富其实刚刚从他们身边溜走。每一个欲拥有财富的人必须对财富有敏锐的触角，对财富敏感的最大表现便是具有洞察财富的能力，能快速感知外界的变化，尤其善于捕捉每一丝商机。

信息是事物的核心，是成功的钥匙，掌握的信息越多，知道得越细，在商战中就越会有取胜的把握。

也许你会说："是的，我也知道信息很重要，可我不是商业间谍，怎么可能搜集到信息？"事实并不如此，只要用你的两眼、两耳和一张嘴巴就能得到重要信息。你的朋友、你的竞争对手、报纸、杂志、电视、网络……都会有大量信息随时随地提供给你参考；食堂、酒会、舞会、咖啡屋……都能成为信息的源泉，生活中处处充满着信息。善于观察生活的人，对信息的敏感性强，总能找到成功的机遇。

随着人们生活水平的提高，市场的需求也在悄然改变，如果你能综合各方面的信息，找到这个点，财富就会在你身边积聚起来。

朱莉娅，28岁；克莱格，29岁。美国willowbee&Kent旅行公司创始人。公司系为旅游者提供全套服务的“旅游超市”，创立于1997年12月，1998年销售额是100万美元，1999年已达350万美元。

克莱格、朱莉娅是一对夫妇，在介绍他俩开办的这个“旅游超市”时，克莱格说：“当时，没有一家公司能提供这么广泛的服务，绝对是物超所值。”目前，该旅行公司能在一个房间里为游客提供全方位服务，包括订票、购买旅游指南和探险服，以及与旅游相关的其他事宜。

大学毕业后，克莱格夫妇花了3年时间研究旅游市场。他们频繁地参加旅游主题的会展以获取经验。“我们的目标是办一个独一无二的、有强烈视觉冲击力的旅游公司。”他们把创意告诉了retell设计公司，请他们为自己的公司做形象策划。这家著名的设计公司极少为一家小店做设计，但他们被克莱格夫妇的创意打动了，觉得这种公司定位新鲜而独特，一定能吸引许许多多的旅游爱好者，从而挣大钱，于是为他们设计了一间极富个性的店。

在克莱格夫妇这家旅游超市里，顾客一进门就感受到了旅游的浪漫。他们可以浏览数以百计的旅游手册，并可在交互式的电视前完成到世界各地的虚拟旅行。门口处是一个两层楼高的多媒体中心，环形屏幕上的秀色美景令人怦然心动。顾客可以一边看着酒店和游艇的录像，一边向旅游顾问咨询，勾画自己的梦之旅。这样温馨的情调，很快在旅游者当中广为传说，这种旅行社立即在美国风靡起来，并向欧洲蔓延。

克莱格夫妇成功的关键，就在于他们认真地做了市场调查，分析了市场潜力，了解做什么生意能吸引顾客的注意力。这一切，与他们热爱生活、积极亲近生活、从生活中汲取营养的良好态度是密不可分的。

生活中，商机无处不在。许多白手起家的创业者，往往就是因为抓住了一个稍纵即逝的时机，从此顺利地开始了自己的“掘金”生涯。四处观望的人，会羡慕他们的眼光好、身手快，却不知他们为了这次冲刺已经做好了充足的准备。一个人如果从来没有发财致富的念头，即使财富就在他跟前打转，他也会视而不见；而时刻都在寻找机会的人，远远地就能感受到金钱的气息。能赚钱的人，头脑里必然有一种执著的商业意识，若将这种意识时时贯穿于行动当中，它就能成为生命的本能。财商教育的一个重要的目标，便是要养成和导引这种本能。

被誉为中国红顶商人之一的陈东升，下海经商之前发现，在中国现阶段，最好的致富途径就是“模仿”，看外国有什么而中国没有，就可以做起来。很长一段时间，他总是在新闻联播最后一条看到类似的东西：某某在伦敦索斯比拍卖行买了一幅凡·高的名画。然后电视画面上是一位五十多岁的长者，站在拍卖台上，“啪”的敲一下槌子。他想，中国也有五千年的文化，有丰富的文化遗产，这个一定能做得起来。于是，他创办了中国第一家具有国际拍卖概念的拍卖公司——中国嘉德国际拍卖有限公司。第一次拍卖，销售额就达一千四百多万元人民币。

我们身边的事物每时每刻都在发生着变化，每一天都会有新的机遇产生，有的人目光敏锐，一下子就找到了自己的位置，投身于创造财富的事业中去；有的人却来去匆匆，机会来到面前也熟视无睹。发现机遇最紧要的是头脑的训练和素质的提升，如果你一时还无从入手，也不要着急，复制他人的成功模式，也是一个可行的办法。这样虽然在这个世界中你不是第一个吃螃蟹的人，但是，在一个有限的范围内你又是第一人，因为世界无限大，而你生活的世界却不太大，或者说，你只需要在一定的范围内成功就可以了。

虽然不是每个行业都可以插手，但多关心四周的环境，机会来临时，究竟是不是成功，在心里盘算一下，大概可以略知一二了。

致富的信息，来源于生活的积累。当你的头脑里充满了新的东西时，大脑的工作速度会自然加快，对信息进行分析、思考、判断、推理之后，你就会找到最适合自己的行事方法，创造力就是这样产生的。

【第四章】

0.3 路由心出：普通人最缺的就是致富心态

一个人成功的因素很多，而居于这些因素之首的就是心态。你认为自己是个人物，可以靠自己的力量创造财富，那么这种信念就会一直激励你积极向前。如果你对自己的前途犹疑不定，艰辛、枯燥的生活就会逐渐消磨你的热情，停滞的时间越久，越缺乏开创事业的勇气。所以在人生的每个阶段，都不要放任自己随波逐流。你在这个世界上付出的热情越多，得到你想要的东西的可能性就越大。

人生是一个不断发现自己、突破自己的过程

人生是一个积累的过程，偶尔的消沉和偶然的奋发还无关大局。可一个凡事消极怠慢和一个一直都在奋发图强的人，每天的得失都不同，每一年的成就积累当然也有很大的差异，这也就导致了他们人生的强大与弱小、富足与贫穷、成功与失败的强烈对比。

穷人和富人，在二十几岁初入社会时，差别并不是很大。这些意气风发的年轻人，都眼睛闪亮，干劲十足，渴望着一个美好的未来。但是几年的拼搏过后，其中一些人感觉到了个人力量的渺小，于是他们失望了、退缩了，忘却了当年发财致富、出人头地的梦想，沉溺于休几天假、拿点儿奖金、偶尔和三两个好友吃顿饭的小满足。长此以往，这些人的人生目标模糊，头脑迟钝，能力退化。

这种类型的人，遇到棘手的问题时会说"我解决不了"，处理稍微有点儿困难的事情会说"我不会"。对他们而言，只要是有困难的事情就是办不到的事情。许多人在距成功只有一步之遥时就轻易放弃了努力，仅仅获得一点儿皮毛知识就十分满足，而且还自作聪明地贬低那些认真工作的人，这样的人将一事无成。

怠慢的人还有一个通病，那就是不容易集中注意力。要他们全神贯注

地去做一件事情，哪怕只有一个小时，都是痛苦的。碰到任何一件事情，他们都是依照最初所接受到的消极信息来解释，而不去换一种方式思考。时间一长，他们对事情的认知程度就永远停留在最原始的水平上。

事实上，一个人做事的心态和他对自己的定位也是可以修改的，在一家外企做人力资源主管的乔治的一次经历，或许可以给我们一些启示：

我刚应聘到这家公司供职时，曾接受过一次别开生面的强化训练。

那是在青岛的海滨度假村，我和同伴们沉浸在飘忽而又幽婉的轻音乐声里，指导老师发给每人一张16开的白纸和一支圆珠笔。这时，主训师已在一面书写板上画了一个大大的心形图案，并在图案里面写上了三个字：我无法……

然后，要求每个成员在自己画好的心形图案里至少写出三句"我无法做到的……我无法实现的……我无法完成的……"，再反复大声地读给自己、读给周围的伙伴们听。

我很快写出三条：

我无法孝敬年迈的父母！

我无法实现梦寐以求的人生理想！

我无法兑现诸多美好愿望！

接着，我就大声地读了起来，越读越无奈，越读越悲哀，越读越迷茫……在已变得有些苍凉的音乐里，我竟倍感压抑和委屈，泪眼模糊起来。

就在这时，主训师却把写字板上的"我无法"改成了"我不要"，并要求每位成员把自己原来所有的"我无法"三个字划掉，全改成"我不要"，继续读。

于是，我又接着反复地读下去：

我不要孝敬年迈的父母！

我不要实现梦寐以求的人生理想！

我不要兑现诸多美好的愿望！

结果，越读越别扭，越读越不对劲儿，越读越感到自责和警醒……

在轰然响起的《命运交响曲》里，我终于觉悟到：我原来所谓的许多“我无法……”其实是自己“不要”啊！

而此时，主训师又把“我不要”改成了“我一定要”，同样要求每位成员把各自的所有“我不要”三个字划掉，全改成“我一定要”，继续读。

我一定要孝敬年迈的父母！

我一定要实现梦寐以求的人生理想！

我一定要兑现诸多美好愿望！

越读越起劲儿，越读越振奋，越读越有一种顿悟后的紧迫感……在悠然响起的激荡人心的歌曲里，我豪情满怀，忽然有一种天高路远要跃跃欲试的感觉和欲望。

在我们每个人漫长的人生历程里，偶尔的消沉和偶然的奋发都是可以理解的，对我们的最终目标不会产生太大的影响。可一个凡事消极怠慢和一个一直都在奋发图强的人，每天的得失都不同，每一年的成就积累当然也有很大的差异，这也就导致了他们人生的强大与弱小、富足与贫穷、成功与失败的强烈对比。所以穷人一定要及早意识到心态的重要意义，尽量将自己的生活向积极的、光明的一面引导。

当然，所谓心态，绝不止几句口号那么简单。在积极向上的大框架下，你完全可以往深层挖掘，将其具体化，变成自己明确、可靠的人生地图。

凯斯特是一名普通的汽车修理工，生活虽然勉强过得去，但离自己的理想状态还差得很远，他希望能够换一份待遇更好的工作。有一次，他听说底特律一家汽车维修公司在招工，便决定前去试一试。他星期日下午到达底特律，面试的时间是在星期一。

吃过晚饭，他独自坐在旅馆的房间中，想了很多，把自己经历过的事情都在脑海中回忆了一遍。突然间，他感到一种莫名的烦恼：自己并不是一个智商低下的人，为什么至今依然一无所成，毫无出息呢？

他取出纸笔，写下了4位自己认识多年、薪水比自己高、工作比自己好的朋友的名字。其中两位曾是他的邻居，现在已经搬到高级住宅区去了，另外两位是他以前的老板。他扪心自问：与这4个人相比，除了工作以外，自己还有什么地方不如他们呢？是聪明才智吗？凭良心说，他们实在不比自己高明多少。经过很长时间的反思，他终于悟出了问题的症结——自己性格、情绪的缺陷。在这一方面，他不得不承认比他们差了一大截。

虽然已是凌晨3点了，但他的头脑却出奇的清醒。觉得自己第一次看清了自己，发现了自己过去很多时候不能控制自己的情绪的缺陷，例如爱冲动、自卑，不能平等地与人交往等。

整个晚上，他都坐在那儿自我检讨。他发现自从懂事以来，自己就是一个极不自信、妄自菲薄、不思进取、得过且过的人；他总是认为自己无法成功，也从不认为能够改变自己的性格缺陷。

于是，他痛下决心，自此而后，绝对不要再有不如别人的想法，绝不再自贬身价，一定要完善自己的情绪和性格，弥补自己在这方面的不足。

第二天早晨，他满怀自信地前去面试，顺利地被录用了。在他看来，之所以能得到那份工作，与前一晚的感悟以及重新树立起的这份自信不无关系。

在走马上任的两年内，凯斯特逐渐建立起了好名声，人人都认为他是一个乐观、机智、主动、热情的人。在后来的经济不景气时，每个人的情绪都受到了考验。而此时，凯斯特已是同行业中少数可以做到生意的人之一了。公司进行重组时，分给了凯斯特可观的股份，并且加了薪水。

一个人成功的因素有很多，而居于这些因素之首的就是积极和热忱。只要你凡事都热情地去做，拿出蕴藏于身的能力来，这股力量就可以立即改变你人生中的任何层面。你愈投入，事情就愈显得容易，一切都变得很有可能，没有什么是太麻烦或太困难的。所谓“拉紧生命的纤绳”，其意义正在

于此。

随波逐流固然轻松愉快，但长此以往就要被生活的波涛吞没。很多人都知道放纵自己不好，但他想："先放纵自由一段时间，待以后再抓紧也不迟。"然而，要回过头来再抓紧自己，那是很难的，需要付出十倍、百倍的代价，因为你已经习惯了顺流而下。而那些义无反顾地投入到生活中去了的人，即使暂时还没有品尝到成功的果实，也已经磨砺了自己的精神体魄，增强了与命运对抗的能力。

梦想华丽一些，你才更能享受到奋斗的乐趣

“奋斗”两个字，容易给人一种艰辛的、枯燥的感觉，可事实上并非如此。那些心存梦想的人，也许只有50%的机会能实现自己的抱负，但他们会100%拥有幸福踏实的人生历程。

我们已经知道，远大的理想可以帮助一个人确立人生方向，让人懂得应该如何开始行动。但这还不是理想的全部，其实即使只从心态的层面上讲，理想也还有它的另一种潜在的意义，那就是我们能否拥有一个快乐的过程。

“奋斗”两个字，容易给人一种艰辛的、枯燥的感觉，可事实上并非如此。为心中的梦想而奋斗的人，热情充沛，每一天都过得无比幸福和踏实；反倒是那些不思进取、得过且过的人，常常会陷入空虚与懊恼之中。

即使你一直都生活在贫困之中，也请不要放弃自己的梦想。当你要专心致志地集中你的思想时，不妨把你的眼光望向一年、三年、五年甚至十年后，幻想你自己是这个时代的强者；假设你拥有相当不错的收入；假设你购买了自己的房子；假设你自己正从事一项永远不用害怕失去地位的工作……专注于这些想象，你就可以把自己的每一天看做一个逐渐接近目标的过程，享受奋斗的快乐。

那些心怀梦想的人，虽然表面上看不出来，但却有着让自己变得与众不同的力量。

因为家境困难而不得不休学的欧普拉在超市打工，比起每天站到双脚水肿，更让她难过的是得不到别人的尊重。

商场销售员也分等级，厂家派来的职员或商场的正式员工，从外表上看显得干净利落，而且在商场内的待遇也不一样。像欧普拉这种临时雇员，无论在哪里都会受到不公平的待遇。

在每天清理货架、搬运商品的工作中，欧普拉就告诉自己，我绝不是应该受到这种待遇的人，于是就在脑海中描绘出自己的未来。主攻经营学的她，想成为市场营销方面的专家，有着从营销人员晋升到CEO的华丽梦想。

欧普拉经历了就业困难的时期和辛苦的公司生活，但她一刻也没有忘记自己在商场里，就已经确立的梦想。如她所愿，欧普拉在市场营销领域崭露头角，几年后即被一家大企业选中，成为商场事业部的经理。

你不妨在最忙碌的时候，起身看看周围的同事。一样的部门，一样的办公室，同样的工作，看似差不多的生活，十年后，这些人当中，必定有人会过着与众不同的生活。在看似平凡的外表下，隐藏着不平凡梦想的人，就会是这个预言的主角。有梦想的人，就算不能实现这个梦想，也会因为奋斗的过程而实现特别的价值。有梦想的人，言行举止都与相同处境的人不一样。

如果你是一位学生，且为分数读书，你会得到分数；如果你为求知而读书，你会得到更好的分数与更多的知识。如果你想做一笔生意，你可能会做成；如果你为了事业而做成一笔生意，你会做得更好而且会建立你的事业。如果你仅为薪水而工作，你可能得到较少的薪水；如果你为改善公司而工作，你不仅会得到较多的薪水，也会得到满足和同事的敬重，你对公司的贡献将会大得多，你的报酬也会多得多。

心存梦想，力争上游的人，他的每一天都比周围的人更积极、更活跃，这就是量变。如果你能坚持这种积累，必定有不凡的成就。

20世纪30年代，英国一个不出名的小镇里，有一个叫玛格丽特的小姑娘，自小就受到严格的家庭教育。父亲经常向她灌输这样的观点：无论做什么事情都要力争一流，永远做在别人前面，而不能落后于人。“即使是坐公共汽车，你也要永远坐在前排。”

正是因为从小就受到父亲的“残酷”教育，才培养了玛格丽特积极向上的决心和信心。在以后的学习、生活或工作中，她时时牢记父亲的教导，总是抱着一往无前的精神和必胜的信念，尽自己最大努力克服一切困难，做好每一件事情，事事必争一流，以自己的行动实践着“永远坐在前排”。

玛丽格丽特上大学时，学校要求学五年的拉丁文课程。她凭着自己顽强的毅力和拼搏精神，硬是在一年内全部学完了。令人难以置信的是，她的考试成绩竟然名列前茅。

其实，玛格丽特不光是学业上出类拔萃，她在体育、音乐、演讲及学校的其他活动方面也都一直走在前列，是学生中凤毛麟角的佼佼者之一。当年她所在学校的校长评价她说：“她无疑是我们建校以来最优秀的学生，她总是雄心勃勃，每件事情都做得很出色。”

正因为如此，四十多年以后，英国乃至整个欧洲政坛上才出现了一颗耀眼的明星，她就是连续四年当选保守党领袖，并于 1979 年成为英国第一位女首相，雄踞政坛长达 11 年之久，被世界政坛誉为“铁娘子”的玛格丽特·撒切尔夫人。

除了那百年不遇的天才和一些特殊的残障者，我们这些普通人在体力和智力上的差异并不大。如果在一开始的时候，你就以一个伟大人物的标准来要求自己，那么即使你成不了伟人，也必有出色的表现。可以说，是梦想点亮了我们的人生。

远在三国时期，诸葛亮在写给他外甥的一封信中说过：“夫志当存高远”，“若志不强毅，意不慷慨，徒碌碌滞于俗，默默束于情，永窜伏于凡庸，不免于下流矣”。意思是说，做人应该有远大的理想和志向，如果意志不坚强，

心胸不开阔，整天忙于身边的生活琐事，受个人感情的支配和束缚，长期在庸俗的气氛中过日子，那就会成为一个平庸的人。

为了避免成为一个平庸的人，为了给那些平庸的日子一点颜色，请给自己选择一个梦想。

相信自己，你觉得自己行就一定能行

在任何一个社会中，有“一等公民”，也有“末等公民”，一方面，他人根据财富、地位、品格、影响等外在条件给你划分层次；另一方面，你也因信心的强弱给自己定位。我们能否将怀疑的情绪转化为动力，乃是决定人生幸运与否的一个重要指标。

在社会上有这样一种现象：有些人总是受人敬重，有些人就是被人看不起。当然，这里面有多种原因，地位、财富、性格等，都是可以给一个人加重分量的砝码。但这些都还不是最重要的，问题的关键是：你是如何给自己定位的，自己是否看重了自己。

对于穷人来说，抱着积极的心态不断地努力，就可以取得你要寻找的财富。而你如果过早地屈从于命运的压力，对前程失去了信心，在生活中只是机械地迈动脚步，那么好运绝不会在你身边停留。

1929 年下半年的某一天，美国青年奥斯卡在中南部的俄克拉荷马州首府俄克拉荷马城的火车站上等候火车往东边去。他在气温高达 43℃ 的西部沙漠地区已经待了好几个月，他正在为一个东方的公司勘探石油。奥斯卡毕业于麻省理工学院，据说他已把旧式探矿杖、电流计、磁力计、示波器、电子管和其他仪器结合成勘探石油的新式仪器。现在奥斯卡得知，他所在的公司因无力偿付债务而破产了。奥斯卡踏上了归途。他失业了，前景相当暗淡。消极的心态在一开始就极大地影响了他。由于他必须在火车站等待几个小时，他就决定在那儿架起他的探矿仪器用以消磨时间。仪器上的读数表明车站地下蕴藏有石油。但奥斯卡不相信这一切，他在盛怒中踢翻了那些仪器。“这里不可能有那么多石油！这里不可能有那么多石油！”他十分反感地反复叫着。

奥斯卡由于失业的挫折，深受消极心态的影响。他一直寻找的机会就躺在他的脚下，但是他不肯承认它，他对自己的创造力失去了信心。那天，奥斯卡在俄克拉荷马城火车站登上火车前，把他用以勘探石油的新式仪器毁弃了，他也丢掉了一个全美最富饶的石油矿藏地。

不久之后，人们就发现俄克拉荷马城地下埋有石油，甚至可以毫不夸张地说，这座城就浮在石油上。

对自己充满信心，是成功的重要原则之一。检验你的信心如何，要看在你最需要的时候是否应用了它。奥斯卡由于心中没有蕴藏着自信，所以他就发现不了近在咫尺的矿藏。

在这个世界上，有许多穷人总是与财富失之交臂，根本原因就在于他们一直把自己当成一无所有的“0”，因为自己一向的贫穷和正在遭受的挫折，他们开始怀疑自己的能力，不相信自己能行。穷人要改变命运，心态首先要变。

世界顶尖潜能成功学大师安东尼·罗宾在心灵革命的课程中，为了证明人类的巨大潜能曾做过下面的实验：

那是一种赤足从火上走过的课程，在整堂课里，所有的学员都必须面对火红、炽热的木炭所铺成的“火路”，然后大胆地赤足走过。对于那些没有这种经验的人来说，那是极为骇人的场面，有的人哭叫，有的人腿软了，更有的人浑身发抖，甚至有人苦苦哀求免去这种“考验”，不过最终所有的学员还是得走过这条路，因为没有经历过这场考验的人，就无法在随后的课程中取得

最大的效果。

对此，安东尼·罗宾说："我们当中很少有人有过这样的经验，但是有不少人看见过他人赤足走过火路的场面，特别是在寺庙的拜火祭典中。当我们看见别人平安走过火堆之后，总以为是神明在庇护那些人，或是有人预先在火堆中做了手脚，殊不知只要在妥善安排的情况下，人人都能平安走过。"

根据美国一些科学家的观察与测试，发现不需要用跑，只要步行的速度足够快，便不容易灼伤脚底。因为每当脚掌在接触火炭的瞬间，便会立即释放出汗水，形成一层绝缘体，在那层汗膜尚未蒸发前提起脚掌，汗水便吸收先前的热量而化为蒸汽消逝，因而脚掌丝毫不会受到损伤。

由于大多数人不了解人体的神奇机能，以无知来接触那些自己视为可怕的遭遇，便容易陷入畏缩不前的状态中。当那些研讨会的学员在咬紧牙关平安走过火堆后，他们整个观念会有很大的改变，因为原先认为做不到的事情，竟然轻易可以实现，而且毫发无损。原来，"任何限制都是从自己的内心开始的。"

我们能否将怀疑的情绪转化为动力，乃是决定人生幸运与否的一个重要指标。

"疯狂英语"的创始人李阳，中学时学习状况很不理想，高三期间因对学习失去信心几欲退学，后来勉强考入兰州大学工程力学系。大学一二年级，李阳多次补考英语。

为了彻底改变英语学习失败的窘境，李阳开始奋力一搏。

李阳制作了许多小纸条，写上一些英文句子，在零碎时间，他就大声背诵这些句子。甚至在去食堂的路上，他也大声背诵，而不顾及其他人投来的诧异的目光。

经过四个月的艰苦努力，李阳在大学英语四级考试中一举获得全校第二名的优异成绩。

李阳大学毕业之后，被分配到西安西北电子设备研究所当了一年半助理工程师。这一年半中，他坚持每天清晨在单位九楼楼顶大声朗读英、法、德、日语，进一步实践和完善了“疯狂英语突破法”。

现在李阳创办了李阳·克立滋国际英语推广工作室，全身心投入“在中国普及英文、向世界传播中文”的事业。迄今为止，他已经在全国各地义务讲学一千多场次，听讲人数近千万人。

广大英语学习者称他为“英语播种机”。

如今我们所看到的那些表面上成就卓著的人，也曾经有灰暗的一面，也有失去信心的时候。但与一般人不同的是，他们没有将自己的怀疑表现在言辞上。要知道，抱怨会使一个人的失意更为清晰，从而引发更多的负面影响，会驱使运气全部都跑掉。所以，当你感觉到信心不足的时候，千万不要说出口，也不要诉诸文字。你应该这样想：“你们等着瞧，我绝对做成功给你们看！”

有意思的是，当你超越自己，做出了一定的成绩的时候，心态也自然而然地发生了改变，热情越来越高，信心越来越足，过去已被远远地抛在脑后。

平常心做事，不浮躁才能做大事

这是一个勇敢致富的时代，我们所能获得的信息，大都在传播穷人的弱点。那么穷人的优势又在哪里呢？踏实、坚韧、经得起摔打的性格，和不走出来就没有饭吃的压力，都是穷人最宝贵的财富，也是他们成功的根本。

翻开世界富豪的排行榜，我们会发现一个有趣的现象：这些站在时代前沿的富人们，要么是继承了家族的财产并将其发扬光大；要么就是不折不扣的穷人，白手起家，创立起了自己的财富王国。中产阶级出身而成为大富豪的，几乎可以用寥若晨星形容。

造成这种结果的内在原因不难理解：富人的子弟们起点高，更重要的是，他们成长的环境本身就是由资金、信息、经营等词汇构成的，对一个人思维方式的成型绝对有潜移默化之功，这就是“老子英雄儿好汉”的社会基础。而穷人最初的动力来自“不得已”，你不动就没面包，路子很可能就这样被趟出来了。中产阶级的安逸生活和传统思想，限制了他们的进取精神，向上难以形成突破，向下又放不下架子，所以他们大多数成了靠学问和技术吃饭的工薪族。

许多成功人士都表示，贫穷是父母所留下来的最大的财产，因为贫穷，发愤图强才成了唯一的出路。两千多年前，孟子就有过“天将降大任于斯人者，必先苦其心志，劳其筋骨，饿其体肤”的人生定论，困窘的环境，本身就是一种素质训练，能从中站起来的人，已经与成功十分接近了。

日本歌手千昌夫，在兄弟三人之中排行老二，小学三年级时父亲病故，全家人以母亲的积蓄勉强维持生计。但因为实在太穷而无力支付电费，常常被停电。没办法，全家只好靠蜡烛照明。即使现在，每当他看到蜡烛，眼前就浮现当年贫困生活的情景，历历在目。千昌夫初中毕业升入高中，心里仍旧充满贫困、艰辛的感觉。这种感觉，促使他产生渴望获得成功的雄心。高中二年级放假的一天，他独自一人乘夜间列车离家出走，以做歌手为目标直奔东京。之后，拜作曲家远藤实宅为师，历经磨难与痛苦，终于成为如今风靡全日本的歌手。

有了立足的事业之后，千昌夫积极投资创业，如今是一位在夏威夷毛伊岛有一幢豪华饭店的实业家。

某些人的生活一穷二白，所以他对自己的过去并没什么可留恋的，也就不怕打破旧时的生活框架重新开始。弱者有可能被生活重担压弯了腰，击破了梦，强者却可以将压力化为动力，以一种誓不回头的勇气，开始自我拯救。

那些已经走出第一步的穷人会发现，自己在困苦之中培养出来的坚韧的性格，是一笔可以受用终身的财富。

穷人没有丰盛的晚餐，没有华贵的服饰和丰富多彩的生活。他们的一切可用两个字来形容，那就是“简单”。正是这种简单的、不断重复的生活造就了他们吃苦的性格。在他们看来，只有享不了的富，没有受不了的罪。这种吃苦的本性纵有逆来顺受的味道，但却是获得成功的很重要的资本。

某招聘会上，公司主管想招一名部门经理，选来选去，最后只剩下甲和乙两个选手。为了选择一个更适合公司发展的职员，他给他们出了一道题：公司买了筐苹果，可是苹果有好多烂的，谁也不可能两天吃完。现在这两筐苹果就在这儿，你们拿回去吃吧，一个月后你们再来，给我答复。

一个月后，甲和乙都回来了，向主管说明了自己是怎么做的。甲不慌不忙地说："苹果发到我手里就有一半烂了，我就先选烂的吃，吃到最后还是烂的，一筐苹果没吃到一个好的——我已经拉了半个月肚子了。"

主管经理笑着问甲："既然吃苹果时你这么痛苦，你为什么还要吃呢？"

甲答："不管怎么说，吃苹果是公司考验我的题目，不吃等于辜负了公司的好意。"

主管经理又问乙说："你是怎么处理那一筐苹果的。难道也选先吃烂的。"

乙说："不。那筐苹果到我手里也有一半烂了，我先选好的吃，到选不出来的时候，我连筐子一起丢了。"

甲乙两人是从百名应聘者之中选出来的佼佼者。听了甲与乙的话，主管经理慎重地想了又想，乍一看，甲这种人走上社会是难有出息的，因为他的思维是属于封闭型的，不可能开创什么事业。其人生态度是悲观消沉的，这种人生观与时代格格不入，但实际上，甲虽然有逆来顺受的性格，但他有一种吃苦在前、享乐在后的精神，这样的人不会寅吃卯粮，换句话说，他把人生的理想和追求都放在以自己的吃苦和拼搏上去换取，还是有前途的。

而乙看上去是处事有主见，有魄力，想法独特，有开拓创新精神，有健康积极的生活态度，但是他的实用主义作风害了他，使他凡事看得比较近，做出的成绩也有限。

于是，主管决定选择甲担任部门经理的角色。

一晃5年过去了。两个应聘者的前途果然不出主管的预料，甲不仅在工作岗位上干得出色，而且马上就要提升了；而乙，有消息说，还在想换工作，忙忙碌碌地奔波于一个个新的单位之间。

社会在进步，要与国际接轨，谁知首先完成的，却只是词汇上的对接。

人家创新咱们也创新，人家开拓咱们也开拓，长此以往，就逐渐忘记了自己是谁。先贤教育我们：不管黑猫白猫，能抓耗子的就是好猫。看起来思想先进，态度积极的不一定就是人才，传统有传统的稳妥与扎实。从什么样的苹果开始吃不要紧，要紧的是先清理一下急功近利的浮躁。

感谢那位明智的主管，他给了我们一个新的启示：无论怎样，事业是做出来的而不是说出来的，辛勤耕耘的人，永远都有市场。

“好事多磨”，“不受磨难不成佛”，大凡伟大的事业都是在艰巨的磨难中完成的。一个人生活太优裕，道路太顺畅，未经磨难，未经人生路上的摸爬滚打，一旦遭到坎坷和挫折，往往会一筹莫展，驻足不前，甚至长期地沉落在苦闷之中。

恰如温室里的花朵一般，未曾经风雨、见世面，未曾形成独立自主的能力，也就没有任何承受折磨的心理准备和经验积累。而一个历尽沧桑、饱经风霜的人则不同，他是在磨难和挫折里长大和成熟起来的，他已经具备了应付挫折的心理承受力和驾驭生活的能力，面对人生中的大小磨难，他无所畏惧，勇往直前，凭着坚强不屈的意志，战胜挫折，取得了事业的成功和人生的幸福。

积极主动的人更能获得机遇的青睐

天上从来不会掉馅饼，如果你喜欢财富，一定要调动起自己最大的热情去争取。当你对生活投入热情时，就是更进一步表明，你已在你的周围创造出成功意识，你在这个世界上付出的热情越多，得到你想要的东西的可能性就越大。

穷人远观富人获得财富的过程，总觉得他们占尽了天时、地利、人和，运气来时，挡都挡不住。但是不知你是否这样想过：财富为什么总是亲近他而不亲近你呢？你是否也拥有他们不停地寻找财富、接近财富的热情和主动？

美国成功学学者拿破仑·希尔关于心态的意义说过这样一段话："人与人之间只有很小的差异，但是这种很小的差异却造成了巨大的差异！很小的差异就是所具备的心态是积极的还是消极的，巨大的差异就是成功和失败。"当一个人浑身的积极与热情被调动起来的时候，便会形成一种不可抗拒的力量，足以克服一切的贫穷和生活中的不如意。

汉斯从哈佛大学毕业后，进入一家企业做财务工作，尽管赚钱很多，但汉斯很少有成就感，他不喜欢枯燥、单调、乏味的财务工作，他真正的兴趣在于投资，做投资基金的经理人。

在一次旅途的飞机上，汉斯与邻座的一位先生攀谈起来，由于邻座的先生手中正拿着一本有关投资基金方面的书，双方很自然地就转入了有关投资的话题。汉斯特别开心，总算可以痛快地谈论自己感兴趣的投资，因此就把自己的想法以及现在的职业与理想都告诉了这位先生。这位先生静静地听着，时间过得飞快，飞机很快到达了目的地。临分手的时候，这位先生给了汉斯一张名片，并告诉汉斯，他欢迎汉斯随时给他打电话。

回到家里，汉斯整理物品的时候，发现了那张名片，仔细一看，汉斯大吃一惊，飞机上邻座的先生居然是著名的投资基金管理人！自己居然与著名的投资基金管理人谈了两个小时的话，并留下了良好的印象。汉斯毫不犹豫，马上给他打电话。一年之后，汉斯成为一名小有成就的投资基金的新秀。

汉斯成功的例子看似偶然，其实却有着它的必然性。汉斯由于钟爱投资管理，因此与陌生人进行十分专业的谈话，并且谈了两个小时，可见汉斯具有良好的基础。如果汉斯不是特别着迷，也不会与陌生人交谈如此专业的话题，最多谈一谈天气，或者篮球，然后睡一小时觉。这样就不可能获得这个偶然的机会了。

培养、展现和分享热情，是一个人精神的完美表现。当你对生活投入热情时，就是更进一步表明，你已在你的周围创造出成功意识，而此成功意识无可避免地会对他人造成更好的影响。你在这个世界上付出的热情越多，得到你想要的东西的可能性就越大。

当我们提到成功的人，并谈到他们如何乐观与积极时，失败的人会说："他们的积极与乐观一点也不值得奇怪，因为他们每年都能赚取大笔的金钱。如果我一年也能赚很多钱，我也会很积极的。"

失败的人认为成功的人每年赚大笔的钱，所以会很积极。这显然是因果倒置。成功的人所以能每年赚到很多钱，是因为他们有正确的心态。

2006 年 8 月 18 日，李伟创办的思念食品在新加坡证交所主板正式挂牌。这是中国速冻食品行业首家在海外上市的企业。

1990年，郑州大学新闻系毕业的李伟踌躇满志地做过公务员、记者，几年之后，辞职下海。先后卖过芝麻糊、开过电子游戏厅、做过苹果牌牛仔裤的代理商，他说："我对经营新项目有着特殊爱好。"

1996年，李伟才真正找到一个发展的契机。当时联合利华生产的和路雪冰淇淋开始在北京、上海、广州等大城市畅销，百乐宝、可爱多、梦龙、千层雪等冰淇淋一个卖到4元左右，利润空间非常大。"要是能做和路雪的河南总经销就好了。"这就是当时李伟最想做的事情。没想到，这一简单的想法给他后来的发展带来了莫大的商机。

由于当时和路雪刚进入中国市场，仅在一线城市销售，像郑州这样的二线城市根本不在联合利华的考虑之列，因此当李伟跑到和路雪设在北京的总部要求做河南总经销时，对方根本不予理睬。

固执的李伟没有气馁，先后到北京跑了不下10次，对方被李伟锲而不舍的诚意所感动，和路雪开始对郑州市场进行评估和考察。

在对方到郑州进行最后一次考察时，李伟从朋友那里借了2000元钱，在郑州最高档的酒店请对方吃饭，甚至不惜投其所好，和一帮哥们在餐桌上绞尽脑汁跟对方大侃足球，结果对方心花怒放，当场决定让李伟"试试"。

这一"试"就一发不可收拾。李伟不仅通过经销和路雪积累了一笔可观的财富，也给他后来进入速冻食品业提供了条件。当时和路雪在河南给李伟配备了5辆冷冻车，并建造了上千立方米的冷库，这都是他后来涉足冷冻食品行业，创建"思念"品牌的重要基础。

天上从来不会掉馅饼，如果你喜欢财富，一定要调动起自己最大的热情去争取。坚持不懈、锲而不舍，即使不是每次都有所得，但一次的成功，就足以回报你数次的付出。

直到今天还没有动起来的穷人们，可以从细节着手，当你的生活每出现一次小小的改观时，给你带来的满足和喜悦，将会激发你取得更大成就的热

情。这是一种滚雪球效应，更多的成就产生更多的喜悦，更多的喜悦产生更多的热情，更多的热情又产生更多的成就。有史以来，热情驱使着世界上诸多杰出的人士在各自的领域达到人类成就的高峰，而主动与热情也会为你做同样的事。

要做什么样的人由你自己决定

一个人要想获得成功，出人头地，成为生活和工作中的优胜者，首先就应该在心目中确立自己是个优胜者的意识。然后，不管你遇到什么样的挫折或不利的环境，这种信念都不能动摇。只以某一阶段成就的高低来肯定或否定自己，其实为时过早。

每个人都是一个独立的个体，都有着属于自己的命运与生活。有人少年得志，有人大器晚成；有人干什么都一帆风顺，有人总与打击与磨难为伍。在现实中，我们不能不承认自己的某些方面的确不如人，这是很自然的事。但是，这种现实的差距并不代表我们就是一个没有能力的低能儿。在人生的竞技场上，一开始能不能领跑并不重要，先到达终点才算赢。

在动画片《花木兰》中，木兰的父亲对木兰说："树上开的花，每一朵都是独特的。你可能是最晚开的一朵，可是一定是最漂亮的。"这句话的现实意义在于，生活中我们需要有一个平和的心态，在面对春风得意的人物或不利于自己的环境时，不示弱、不气馁，永不放弃成功的希望。

一般来说，校园是我们最先认识人生比赛的地方，许多人毕生都在受学生时代所培养出来的性格的影响。

在美国，许多高中毕业纪念册中，都列有"明日之星"英雄榜，也就是选出准毕业生中最有可能成为精英之类的人物。在一所高中，1966 年毕业的纪念册上,史蒂文·斯科特的名字并不见于多项“明日之星”的候选人中,而且,他自己认为就算是在上面,恐怕也没人会投他一票。在今天,也许那些老毕业生们都想不起这个人是谁。

不出众的容貌和缺乏运动细胞,使他无法成为校园中的风云人物,而平均为“B”的成绩,也不足以让他跻身优等生之林。

同校的另一位史蒂文的境遇也与他颇为相似。他的长相和运动才能一样平凡无奇,成绩和斯科特一样普通,这两位平凡的史蒂文甚至彼此谁也没有注意过谁,以至于若干年后他们惊讶于彼此曾经是高中同学。

史蒂文·斯科特的名字对于中国人恐怕知之甚少,他是美国电视广播公司(ATC)的合伙人之一,美国电视广播公司被称为美国最具生产力的公司。

而另一个史蒂文,就是史蒂文·斯皮尔伯格,电影《ET》、《辛德勒名单》以及《世界之战》的导演。

以“校园标准”来说,两位史蒂文都是毫无成就可言的人。没有人认为他们将来会有出息,但他们今天的成就却是有目共睹的。

大多数的人都受制于这样狭隘的标准:因为在学校里不是风云人物,就认定自己一辈子不会出人头地。甚至根本从不尝试取得任何的成就。

如果说学业智力与你将来的科研、学术成就还存在某种关联的话,它对你将来是否能过上富足的、成功的生活,影响力并不是很大。

学业智力是“惰性化智力”,与现实生活很少发生联系,它只能对学生在成绩和分数上做出预测。而“成功智力”才能使人达到人生中最主要的目的。成功智力包括分析性智力、创造性智力和实践性智力。这三个方面是一个有机的整体,它们协调、平衡时,智力会得到最有效的发挥。

如此看来,我们只以校园中成绩的高低就来肯定或否定自己,其实为时过早。另一方面,即使在我们真正步入社会之后,也不是马上就能找到自己的位置。

1996年，年仅28岁的何恩培从珠海来到北京。他的弟弟何战涛，则已经先期到达等他。何恩培兄弟俩都毕业于华中理工大学，弟弟学的是计算机，而何恩培学的是固体电子学，他们都希望在北京能找到自己的用武之地，一展身手。

开始，兄弟俩来到北京的一家小软件公司工作，后来在这家软件公司从不到10个人发展到60个人的时候，何氏兄弟选择了离去。原因有两方面，一是利益机制问题，何恩培希望公司推行股份制，老板没有同意；另外，何氏兄弟认为公司的发展战略不符合市场发展规律。道不同不相为谋，他们决定自己组建公司。

1997年10月，一家名叫“铭泰科技”的小公司在中关村开张，包括何恩培兄弟在内只有5人，哥哥负责市场策划，弟弟做技术开发。吸取了在前一个公司工作的经验和教训，哥哥认识到“铭泰”要发展必须解决机制和产品问题。机制是公司的基础，产品是公司的方向。善于经营的哥哥将“铭泰”确定为有限责任公司，建立开放式的公司机制以吸引人才，并防止日后由于股权问题而导致经营混乱。在产品方面，经过对各种因素的综合分析后，他们发现翻译软件既符合市场需求，又切合公司实际。

1998年1月，弟弟主持的汉化翻译软件《东方快车》问世，之后4个月，销量迅速增长。2001年初，连同面向海外市场的海外版、港台版，《东方快车》的正版用户已经突破600万。此后的一年多时间里，“铭泰”利用纷至沓来的大笔境内外投资迅速壮大，先后成功发售《东方网神》、《东方网译》、《东方不败》、《东方卫士》和《东方影都》等系列畅销软件。

从一个9平方米的地下室、5名员工的小公司开始创业，短短3年时间，其公司已拥有上亿资产。

何氏兄弟有头脑，也有技术，在他们的第一份工作中却难以有出色的展现，说到底，还是处于一个不利于发挥才能的环境的缘故。尽管人生无法假设，我们还是要问一句：假如他们只因做职员时的平凡表现就破灭了梦想，不能主动走出去，结果是不是“泯然众人”，平庸一辈子？

成功的道路不止一条，有人走的是直线，有人却不可避免地要走一些弯路，这都不要紧，只要你还对自我价值保持信心，一切都来得及。

一个人要想获得成功，出人头地，成为生活和工作中的优胜者，首先就应该在心目中确立自己是个优胜者的意识。同时，他还必须时时刻刻像个成功者那样思考，那样行动，并培养身居高位者的广大胸襟。这样，总有一天会心想事成，梦想成真。

你怎样认识你自己过去的人生，就会导致你怎样认识你自己，最终决定你有什么样的自我确认。请认真想一下，过去、现在和未来，你是什么样子，你评价自己的标准又是什么呢？例如，一个人在十年前过得并不如意，但他想象着有一个美好的未来，并极力向此目标奋斗。结果，今天的他正是当年他心目中确认的那个“未来形象”。由此可见，你以什么样的标准来看不同时期的自我，决定着你自我确认的发展方向。

赢家从来不会只从一个角度看问题

改变心态是很困难的事，但也不是完全不可能。假如你在考虑问题的时候，把所有注意力都放在解决问题的方案上，而不纠缠于问题本身所带来的烦恼，就找到了一条改变心态的具体路径。

在穷人脱贫致富的道路上，心态是极为重要的一环。

威廉·詹姆斯是美国一位伟大的哲学家，他曾说："我们这一代最伟大的发现是，人类可以经由改变心态而改变自己的生命。"事实确实如此，一个人如果能够树立一个好心态，让自信、热忱、坚强、快乐、兴奋等情绪支配自己时，能力会不断涌出，思路会滚滚不绝。与此相反，当自己被多疑、沮丧、恐惧、焦虑、悲伤、受挫等消极情绪和心态支配时，则会疲软无力，思维随之枯竭。积极热忱的人，会把财富吸引到自己身边；消极懈怠的人，即使财富就在眼前，也会视而不见。

在现实中，一些穷人也承认心态对于财富的影响，也想改变自己，却又茫然不知所措，找不到有效的途径。

是的，改变心态是很困难的事，但也不是完全不可能，我们可以从改变想法开始，以具体的方法带动抽象的感觉。

具体说来，改变想法就是把所有注意力放在解决问题的方案上，不要去

注意问题本身，因为重要的不是发生什么事，而是如何去解决它，如何去改善它。

在一次关于心态的培训课上，一位学员因为刚刚丢了手机，情绪非常低落。

于是，老师就用一些心理学原理，来帮助她克服心理低潮。老师启发她说："应该怎样解决这件事？"她说："很简单，努力工作提高业绩，回去之后，一个月之内，业绩增加到十万元，赚到钱之后买一部更好的！"

当她讲完这句话之后，所有的人都给予热烈掌声。同时，她也非常兴奋地开始在众人面前跳舞。她高兴得不得了，还一边笑一边告诉自己：手机丢了很快乐，因为可以买更好的手机了。

请注意，当你遇到问题的时候，千万不要沮丧。不然，不仅会让你情绪低落，而且你一定想不出个所以然的。有很多解决问题的方法就在你面前，你却看不见。假如你现在就做决定，把焦点放在问题的解答上，你就会发现一切事情都开始慢慢被理解，所有的答案都即将出现。

人都有盲点，解决问题也许需要多方面的援助，你可以试着请教一些专家，看一些书籍，或者找成功者来帮你出主意。

事实上，如果内心够强大，就没有什么人、什么事能打倒你。在我们的人生陷入艰难困苦之中的时候，消沉、抱怨、麻木是一种活法，眼睛向前看，将其当做成功之前的历练，也是一种活法。如今成功的美国商人艾利克森曾有这样一段经历：

我以前是个很糟糕的"烦恼大王"。不过，1942 年我有过一次经历，使所有的烦恼都变得微不足道。

那年夏天，我签约在阿拉斯加科地亚克的一艘鲑鱼拖网渔船上工作。在这艘船上，只有三名船员：船长负责督导，另外一个副手协助船长，剩下的那一个则是日常打杂的我。由于鲑鱼拖网必须配合潮汐进行，因此我经常连续工作24小时。有一次，我整整如此工作了一个星期。我做的是其他人不愿意干的工作。我洗甲板，保养机器。还在小船舱里用一个烧木材的小火炉煮饭，小船舱里马达的热气和恶臭令我作呕。我还要修船，把鲑鱼从我们的船丢到另一艘小船，送去制罐头。我穿着长筒胶鞋，但双脚总是湿湿的。我的胶鞋里面经常有水，但我没有时间将水倒出来。但上述这些工作，跟我的主要工作比起来，只算是游戏而已。我的主要工作是所谓的“拉网”。这个工作看起来很简单——只要站在船尾，把渔网的浮标和边线拉上来即可。但是，实际上，渔网太重了，拉不动。我只好用尽力气硬拖着不放。我这样做了好几个星期，几乎把我累死了。我浑身酸痛得厉害，而且一连酸痛了好几个月。

最后，当我好不容易有时间休息时，我在一个临时凑成的柜子上铺好潮湿的被褥，然后倒头就睡。我浑身上下无处不疼——我却熟睡得像服用了安眠药——极度的劳累就是我的安眠药。

我很高兴当时吃了那些苦头，因为它们使我不再烦恼。现在一旦遭遇了困难，我不再烦恼，我反问自己：“艾利克森，这会比拖网更辛苦吗？”我总是回答说：“不，没有事情比它更苦！”于是我振作起来，勇敢地接受挑战。我认为，偶尔尝试一下痛苦的经验是件好事。我很高兴曾经做过世界上最辛苦的工作，使得我所有的日常烦恼在比较之下，全变得微不足道。

以往，也许你常听到在困境中要坚韧不屈、奋发图强言论，这当然没有任何问题，但另有一点是，在苦难之中，你还要保持一种乐观的精神。这种精神表示你并没有怨天尤人，表示你已经做好了改变自己命运的准备，随时听从机遇的召唤。要记住，人生的目的应该是感受快乐与美好，而不是一生都埋没在与苦难的纠缠里。

过去不等于未来。过去你曾怎么想、怎么做、经历了怎样的遭遇都不重要，重要的是今后你怎么想、怎么做。人性是看上不看下、扶正不扶歪的，你

跌倒了，自己灰心丧气，那么别人会因你的跌倒而更加看轻你。同样，在苦难中的人，心理上的感受也会影响你对周围事物的看法，如果你只把苦难当成一次教训，自助者天助，摆脱苦难的日子必不会太远。

我们曾经经历了什么、遭遇了什么都不重要，你的看法，才是决定你将来幸运与否的关键。“换角度”就是清除我们头脑里旧的思维，另造一个新我。

成功没有定式，做好自己就好

有一些失败者，他们大多不把自己当成主人，轻信任何一种关于成功的言论，而不相信自身的体验。其实成功的路有很多条，别人能走得通的，不一定也适合你。反之亦然，如果说你并不具备人们所要求的种种条件，却不可判定你不能另辟蹊径，走出一条自己的路来。

成为富人的途径有很多，就一个人本身的基础而论，当然是起点高了容易发展，权势地位、雄厚的资金乃至学历技术都可以是致富的垫脚石。从头脑、性格等方面说，则是乐观、勤奋、独立思考、有信用、有人缘的人容易成功。

如果你拥有上述的特点，即使只拥有一部分，那么也恭喜你，你已经有了成为富人的基础。只要肯努力，成功就在不远处。另一方面，如果我们一穷二白，没有可以自豪的长处，那么又如何呢？

这也不是说你就不具备致富的资格。条条大道通罗马，只要一心向前，机会总是有的。

英国人霍布代尔是一所中学的一位清洁工，已经在那所学校勤勤恳恳地工作多年。一次偶然的机会，学校新来的校长发现霍布代尔是个文盲，这位校长不能容忍自己的学校中有一个文盲，于是，将他解雇了。霍布代尔痛苦万分，因为，对于他这样一个文盲，到哪儿去工作都将面临困难。痛苦中的霍布代尔并没有自暴自弃，他开始思考这样一个问题：我真的一无是处了吗？突然，他高兴起来了。原来他想到了他的手艺——做腊肠。霍布代尔做的腊肠曾深受学校师生的欢迎。基于此，霍布代尔产生了做腊肠生意的念头。他做得很好，几年后，在英国有人不知道莎士比亚，不知道劳斯莱斯，但没有人不知道霍布代尔的腊肠。

在我们身边，有许多人因为出生在贫困、闭塞的环境里，往往没有多少受教育的机会。成年后，他们面对外面的世界，难免有一丝丝的自卑。眼前别的创业者提着笔记本电脑，一出口还夹杂着几个英语单词，于是一些教育背景差的人开始气馁：我靠什么与人竞争呢？

是的，比学历、比专业你可能要逊色一些，但是换个思路是：我们为什么一定要拿自己的弱项比别人的长项呢？他学历高，你头脑活；他敏锐，你勤勉；他看得远，你做得细。在每个城市都有一批没有受过多少正规教育的小老板，他们的成功，就是以弱胜强的样本。

成功的路有很多条，别人能走得通的，不一定也适合你。反之亦然，如果说你并不具备人们所要求的种种条件，却不可判定你不能另辟蹊径，走出一条自己的路来。

甲骨文公司的创建者埃里森没有显赫的身世，甚至说出身卑微。1944年，他母亲19岁时生下他，又遗弃了他，全靠姨妈把他抚养成人。在埃里森的记忆里，只与母亲见过一面，知道她是犹太人，而父亲的身份至今还是一个谜。不知是否和身世有关，埃里森的坏脾气臭名远扬，“骄傲、专横、爱打嘴仗”成了埃里森的代名词。

“读了三个大学，没得到一个学位文凭”，换了十几家公司，还是一事无成，直到32岁，埃里森才靠1200美元起家，创造出“甲骨文奇迹”。

埃里森是推销高手，他不只直接推销产品，而是为产品的市场环境造势。他到处宣传关系数据库的概念，称其可以加快数据处理效率，容纳和管理更多的数据。与此同时，每次埃里森推介演讲时，题目经常是“关于数据库技术的缺陷”，然后紧跟着就介绍甲骨文是如何解决这些问题的，当场演示，让人们印象深刻。可以说，埃里森成功靠的不仅是技术，更多的是市场推销。

埃里森懂得抢先占领市场的重要性：研制产品并将其卖出去是最主要的事情，其余的事情都不重要。他公司的发展策略是：拼命向前冲，拼命兜售 ORACLE 的产品，扩大其市场占有率。

他培养了一批“狼性”十足的销售人员。这些人员的贪婪和竞争本能得到了最大限度地调动，继而转化为不可思议的战斗力，最终转化为不可思议的业绩。ORACLE 的销售部门不是一个“懦夫待的地方”，它是一个竞技场。疯狂追逐胜利的“疯子”在 ORACLE 会成为吃香的人，发挥平常的人则不受重用，甚至被迫卷铺盖走人。

这就是埃里森的精神，他的成就是，2007 年福布斯全球富豪榜第 11 名，上榜资产 215 亿美元。

一般来说，那些世界级的大富豪们，总有些宽容、沉稳、谦逊、大度的性格特点，这里面埃里森是一个另类。按说这么一个目中无人、我行我素的家伙，是很难与成功、富有等词联系起来的，但是埃里森恰恰就这么取得了让人望尘莫及的成就。我们可以这么说，在创造财富的道路上，没有绝对的好性格和坏性格。比如执著和固执、琐碎和细心、胆识和莽撞等，其实也只一线之隔，你没有做事的雄心，就可能是一个坏脾气的凡人；你将自己性格中好的一面引导出来，用在事业上，就是一个特立独行的创业者。

我们每个人都有自己的优势与劣势，有自己强大或弱小的一面。我们当前最要紧的事就是认清自己，在已有的基础上决定未来的发展方向。

环境及条件不过是整幅生活图画的一个部分，对你起激发作用并决定

你个人价值信仰的内部力量是那些更为有力的因素。如果拥有主动性和创造力,你就可以克服令人难以置信的巨大障碍。

如果想做得更好,一定要在看清外部世界的同时也看清自己的内心,不高估自己,也不妄自菲薄,成功没有一定之规,谁都会有机会。

第五章

0.4

拿出胆识：最大的成功往往伴随最大的危险

墨守成规，这是一种看似安泰其实却充满潜在危机的生存方式。在风险面前缺乏勇气的人，迟早会被时代所抛弃。在现实中，没有谁是天生的强者或懦夫，胆识同样也来自于锻炼。如果我们能抱着失败无亏、大不了赤手空拳重新再来的态度，那么，不安和疑虑就会减至最低，就会拿出勇气继续奋斗下去，致富的机会就会大大提高。

向上攀登总是危险的

一提到“冒险”，人们就会自然联想到各种危险的恶性结局。将“冒险”同“危险”等同起来的思维定势，其实是一种误导。冒险其实是在现实环境中独立思考、自己为没有答案的问题找到答案。敢于承担风险的人改变着这个世界，几乎没有不冒风险就变富的人。

什么是风险？风险是可能发生的危险和灾祸，在追求财富的过程中，风险就是创造不出利润或干脆连投资都回不来。冒风险是知道有失败的可能，但坚持掌握一切有利因素，去赢取成功。

风险存在的原因，是形势不明朗。若成功与失败清楚摆在面前，你只需选择其一，那不算风险。但当前面的路途不甚明朗，你跨过去时，可能会掉进陷阱、深谷里，但也可能踏上一条康庄大道，实现自己的预期目标。于是，风险出现了。

前进或止步，你要作出抉择。前进吗？可能跌得粉身碎骨，也可能攀上高峰。止步吗？也许相对安全，但也许会错过大好良机，令你懊悔不已。

创业的风险是很高的，但只要你能坚持学习，不断努力，在冒险中寻求事业的回报则完全有可能。一位富翁指出：“伟人经常犯错误，经常要摔倒，但虫子不会。因为，它们要做的事情就是挖洞和爬行。”敢于承担风险的人改变着这个世界，几乎没有不冒风险就变富的人。

影视大鳄邓建国拍《广州教父》时，账上只有十万元人民币，连开机费都不够，他却孤注一掷：提出全部家当召开大型新闻发布会，签约香港著名影星汤镇宗做男主角，然后在广州日报打上整版广告，雇了一批美女，拿着广州日报的整版广告，去企业拉电视剧的贴片广告。结果支票像雪花一样飞向邓建国。那一年，邓建国成了亿万富翁。

有人或许会以为邓建国是侥幸成功，万一拉不来赞助，他可就上天无路、入地无门了。但事实是，那时的邓建国虽然还不是富人，他却有富人的思想，这件事不成功，还有下一件事，还有下几件事，总有一天，他还是会成功的。

富人的脑子整天装着的都是如何赚钱的想法，不放过任何一个可能的机会，他们发财几乎成了一种必然。

如果你留意观察，就会发现过于谨小慎微的投资者是不可能获得巨额财富的。唯有具备极强开拓精神、冒险精神的投资者才能使世界发生翻天覆地、日新月异的变化。

从台湾宜兰公司发迹，到祖国大陆发扬光大，再到新加坡上市。旺旺控股公司董事长蔡衍明，从街头培养出敏锐的生意嗅觉与智能，开拓出世界第一大米果集团版图，缔造了个人10亿美元身价的旺旺传奇。

蔡衍明在19岁从父亲那儿接手宜兰公司的时候，出师不利，赔掉了大笔金钱，沉重的财务压力，被周遭的人看不起。但也因为没有退路，逼出了蔡衍明的街头斗犬性格。他到处筹钱，打算东山再起，终于靠加工米果获得了第一桶金。在台湾站稳脚跟之后，蔡衍明把目光投向了祖国大陆。

20世纪90年代初期的中国还是一个封闭的市场，就连上海的台商也很少，但蔡衍明居然一跑，就跑到湖南长沙，还是长沙第一家外商。一开始，蔡衍明透过大型的“郑州糖酒会”，向大陆消费者推广甚为罕见的米果产品，一周内接到高达三百多个货柜的订单,工厂赶工生产后,却没人依约拿现金来领货。眼见几百万包的仙贝,即将过期销毁,蔡衍明咬着牙,硬是“好康大放送”,将旺旺仙贝分送给上海、广州、南京、长沙等地的各级学校,从小学生到大学生人手一包。没想到,学生试吃后反应良好,无意间为蔡衍明培养出坚实的顾客基础。有了好的顾客基础,接下来的销售自然畅通无阻,湖南长沙厂投产第一年就赚了一大笔。这份好成绩,吸引了众多竞争者,不仅“康师傅”决定跟进,就连中国大陆也出现二百多家小厂纷纷跳进市场。竞争,让1千克米果的售价从人民币50元降至30元。在这种情况下,蔡衍明发动割喉策略,他推出四个副品牌的低价米果应战,并将1千克米果的价格一口气杀到人民币5元。而米果生产线一条就要上千万美元,但为了全面阻绝竞争对手,他砸下3000万美元,将生产线一口气扩充到10条,从而打了一场成功的阻击战。

非常时期,要以非常的手段才能取胜,这时候比的就是一个人的应变能力和冒险精神。日本趋势大师大前研一指出:“现在的商业世界就像西部的开拓时代,大家都在新经济催生出来的新大陆上竞相开拓。这种混乱的时代最需要的,并非目前为止学校所培育出来的那种学院派营生者。而是能在现实环境中独立思考、自己为没有答案的问题找到答案的街头营生者。”蔡衍明无疑是最成功的街头经营者。

行进于人生漫漫的旅程,你或许有过多次这样的体验:成功确确实实就在不远处跳着迷人的舞蹈,但是,当你想靠近它,它却退避了,不迎上来同你握手。你自己反而陷入莫名的泥潭,被泥浆溅了一身。

为什么会是这样?是世界不公平吗?是命运捉弄你吗?不是,至少不完全是。商界巨头们的共识是:不是因为别的,归根到底是因为你还没有经历过足够的失败的缘故。

尝试任何事,只有敢于冒险,敢于失败,并从失败中学到某些知识、某些经验，才可能抓住通往成功的机会。

“不入虎穴，焉得虎子”，是创造机会的最佳写照。想创造机会，却不想冒风险，那是不可能的。勇于创造机会的人清楚地知道风险在所难免，但他们充满自信，在风险中争取事业的成功。

墨守成规也并非万全之法

穷人也想赚钱，但他们把成败得失看得比什么都重要，战战兢兢，不敢越雷池一步。表面看起来，这种处世方式是最安全和平稳的，而事实是越是想安于现状，越不能安于现状，时代在前进而你却不动，各种偶然的因素会使你的周围充满潜在危机。

有时候,穷人难富,是因为他们一直循规蹈矩地生活在贫穷之中,从来没有“出圈儿”的念头。即使面临新的机遇,建立在以往经验和知识基础之上的心理定势,也会产生消极影响,成为我们思考和行动的障碍。我们只有充分认识到思维世界里存在的这个死角,才能逐渐超越旧有思维模式,走出思维惯性,进行创造性思维。

人脑是一个制造模式的系统,按照最简单的原则行事,它依赖于早年形成的模式,置模式外的信息而不顾,所以人脑最易趋向习惯。一个人的日常活动,90%已经通过不断地重复某个动作,在潜意识中,转化为程序化的惯性。也就是,不用思考,便自动运作。这种自动运作的力量,会把人们拘禁于一个谨小慎微的牢笼之中。

心理学家做过这样一个实验:把 6 只猴子关到一个房间,在房间里放一个可达屋顶的梯子,然后在梯子顶端挂上一串香蕉,当第一只猴子爬上梯子,伸手几乎要碰到香蕉的时候,实验人员就用冰冷的高压水枪冲击这只猴子，直到猴子最终放弃去拿香蕉。如此一段时间之后，所有的猴子都放弃了尝试。

接下来，实验人员用外面另一只猴子替换了房间中原有6只猴子中的一只。当这只猴子进入房间后，发现了香蕉，于是一下子冲了过去。这时发生的情况很奇怪，没等这只新进来的猴上去，另外5只猴子就把它按倒痛打，直至它放弃那个念头。

接着另一只新猴子被放进来，换走了第一批中的另一只猴子。同样的事发生了，只不过打这只新猴子最狠的，是刚才那只先一步进来并挨打的猴子。如此继续实验，直到房间中的猴子全部换成了没有被水枪击中过的6只新猴子。

接着实验人员拆除了水枪，可是这些没有挨过高压水枪的猴子居然没有一只试着去吃屋顶的香蕉。

情况往往就是这样的，人们因为失败了多次，从此就对此视为畏途。不少人，不仅自己不去踩这个雷区，也反对其他人去干同样的事情。这是很可悲的。很多时候，不是没有能力去做这件事情，而是没有去做这件事情的愿望。

并不是所有的穷人都一无是处，他们可能是很有才华，很有学识的人。穷人和富人的差别，最根本的还是心态的问题。富人做生意认为风险是正常的，赚钱是努力的结果，赔钱也是情理之中的事情，因为他认为只要过程不出现失误，结果也不会出人意料，这样他才敢投资，投资的方向往往不会错。

穷人做生意特别注重结果，把成败得失看得比什么都重要，怀着想赚怕赔的心态战战兢兢的，做哪一件事情都是如履薄冰，背着沉重的心理包袱。也正因为穷人有这样的心态，想赚钱又害怕风险，想投资又害怕赔本，很多时候还是选择放弃。

有一个小村庄，世世代代都种玉米，按玉米市场价 1 千克 0.8 元，如果在当地卖，一亩地的收成仅仅是 800 元左右，去掉成本也就是 200 元左右的利润。一个农民经营 5 亩地，一年全部的收入才 1000 元左右。

当地有的人收购玉米，运到离家不是很远的某个城市，每 500 克能赚一角钱，每次运 2500 千克的话，他能赚 500 元钱。从家乡到某市两天跑一次，那么这个人在四五天之内所得到的利润就是一个农民全年的收入。

但是这个村里的人，为什么自己不把玉米运到某市去卖？他们说自己没有车，如果雇车，去掉车费加上吃住也不赚钱，还不如在当地卖，这样既省力又省心。那么为什么不买一台车？他们说没钱。村子里共有一百户人家，一家拿一百元钱是不成问题的，买一台农用拖拉机也就是几千元钱，为什么不联合起来买台车把全村的粮食运到外面卖呢？

他们说他们谁也不相信谁，运完粮食怎么办，半路上出车祸怎么办，税收及修车费谁拿，全村每家玉米有多有少，怎样付钱才算公平……反正问题特别多。

正因为这样，全村每年都要失去 10 万元的利润。10 万元对于这里的人来说，是个天文数字。因为许多不值一提的问题，宁可把这天文数字送给别人也不留给自己。

这个故事听起来像一则寓言，也许你会以为现实中没有如此胆小怕事、面对近在眼前的肉都不敢吃的人。其实在生活中，抱有类似思想的人比比皆是。在一些穷人之中，流行过所谓的“三不主义”路线：即不积极、不缺席、不迟到的生活方式。表面看起来，这是最太平、最安全的处世方法。这样的处世路线，在变化速度还不算太快的时代，可使一个人平安度过他的一生。但随着社会竞争日趋激烈，变化速度日趋加快，新的生活方式必将取代旧的生活方式。

两颗相同的种子一起被抛到了地里。

一颗这样想：我得把根扎进泥土，努力地往上长，要走过春夏秋冬，要看到更多美丽的风景……

于是，它努力地向上生长。几年后，变成一棵枝繁叶茂的大树。

另一颗却这样想：我若是向上长，可能碰到坚硬的岩石；我若是向下扎根，可能会伤着自己脆弱的神经；我若长出幼芽，可能会被蜗牛吃掉；若开花结果，可能被小孩连根拔起。还是躺在这里舒服、安全。

于是，它瑟缩在土里。一天，一只觅食的公鸡过来，三啄两啄，便将它啄到了肚子里。

在慨叹两颗种子迥然不同的命运时，我们惊讶地发现这样简单的道理：越是想安于现状，越不能安于现状，因为各种偶然的因素使你的周围充满风险。相反，坚定地树起奋发向上的信念，敢于冒险，敢于承受岁月的风风雨雨，就一定会拥抱令人羡慕的成功。

据社会学专家们预测，未来的社会将变成一个复杂的、充满不确定性的高风险社会。今后的时代经营者要想发展，必须树立不怕失败的信念，果断地作出决定，投身于新的环境，去发挥全部才能。这种不怕失败，准备在万分紧迫的情况下发挥全部才能的态度，反而有可能防止更大的失败，并大大提高自己的才干。

看过摔跤比赛，你就会有这样一个印象：尽管比赛双方抱缠摔打，场面激烈，但绝少有人遭受到意外的致命伤。这是因为在平时练习时，经历了经常遭受轻伤的锻炼。同样，平时倾注全力认真作出决断的人，不但不会遭受意外的致命打击，反而能从微小的失败中学到许多教训，养成刚毅大胆的气质。

墨守成规，这是一种看似安泰其实却充满潜在危机的生存方式。在风险面前缺乏勇气的人，迟早会被时代所抛弃。而那些一心向前的人，以攻为守，将自己的根扎得无比牢固，足以抵挡世间的风云变幻。

安于现状的人永远无法获得大量财富

在我们的一生中，大概每个人都有福星高照、鸿运当头的时候，但很少有人能抓住机会，变成真正的富翁。很多人之所以一辈子默默无闻，穷困潦倒，从根本上讲，乃是他们的心底畏惧成功，自动放弃了选择的权利。

我们每个人在一生中所取得的成就,与他是否拥有“成功欲望”有着很大的关系。如果你住茅草屋就满足了,一辈子也不会拥有花园洋房;如果你当小职员就满足了,永远也不会升到独当一面的位置。很多人之所以一辈子默默无闻,穷困潦倒,从根本上讲,乃是他们的心底害怕成功,因而不敢选择成功。

也许,他们刚刚成年时,确实非常向往成功,向往财富,他们会积极工作并制定一些计划。但是在奋斗一段时间后,他们的工作阻力就会慢慢增加。为了更上一层楼所需的努力似乎很艰苦。他们觉得这样下去实在不值得,因而放弃努力,变得自暴自弃。他们会自我解嘲:“我对现在的生活很知足,我是个平凡的人,也不想发什么大财了。”于是,他们省吃俭用,一辈子受苦。

你还不明白为什么会有这么多人永远在闹穷吗?他们没有想通,是他们自己甘于过穷日子。他们没能认清自己有选择的权利。

戴尔·卡耐基曾干过许多工作,但都没有出色的表现。他到汽车公司推销汽车，工作依然没有调动起他的激情。他在推销时，只是像背书一般把汽车的性能、价格、优点等说一遍。一天，一位老人来看车，卡耐基又把他常背的“汽车推销经”背了一遍，老人听完后说：“孩子，你这样推销，怎么能吸引顾客呢？”

老人的话让卡耐基受到了触动，他和老人攀谈起来，卡耐基告诉老人：“我也有自己的梦想，我想做一名作家，因为我有这方面的才能，但怎么也下不了决心。”

老人说：“为什么不去做呢？写作也是可以赚钱的。”老人一口气说出了好几位作家的名字，并列举了几本销量超过100万册的图书。

“可是，老先生，我不敢放弃我的工作，虽然我干得很不出色，但这样的工作可以让我稳当地赚钱和生活。”卡耐基解释道。

“为什么你要让你的才能迁就平淡的生活呢？你应该从事能让你发挥才能的事业，虽然有风险，但如果你确实有这方面的能力，你又何愁不成功呢？至少你应该试试，否则你会抱憾终生的。”老人说。

老人的话让卡耐基茅塞顿开，是的，虽然辞了工作去开创新的事业会有风险，但如果自己确有某方面的才能，那一定会比从事那些并不喜欢的工作要更成功。于是，卡耐基辞去了现在的这份工作，走上了另外一条完全不同的路。后来，他以独特的见解、开放的教学方式授课，改革了成人教育方法，越来越多的人来听他的课，买他的书，卡耐基的才能得到了充分发挥。

不少人总会有才能没有得到发挥而一生平淡的感叹，其实这正是因为我们缺乏卡耐基那样的胆识。我们总喜欢过简单、没有风险的生活，而这往往是扼杀人们才能的一把利刃。独立开创一份事业肯定会有风险，但让自己的才能迁就平淡的生活也许才是最大的风险。

有时候，一份致富不足、糊口有余的工作，就像是某些人的鸡肋，留，心有不甘，弃，又缺乏足够的勇气。这时候我们应该像那些勇敢的“运动者”学

习。细心地观察一下四周，你就会发现，在都市的角角落落，都生活着一些生命力很旺盛的外地人。他们大都干过很多行业，并且永不言败，以顽强的生存能力，有滋有味地生活着。而一个抱残守缺，满足于眼前安适的人，无异于是在宣布自己从此退出了竞争的舞台。

雷·克洛在1937年开始自己做生意，担任一家推销混乳机的小公司的头头。混乳机是一种能同时混合拌匀五种麦乳的机器。1954年，雷·克洛在加利福尼亚州圣伯纳地诺城发现了一家小餐厅，老板是麦当劳兄弟——马克和狄克，他们要买8架机器。没有人曾买过那么多，克洛决定亲自去看看麦氏兄弟的工作。他到了圣伯纳地诺城，马上看出麦氏兄弟已经踏进了一座金矿——顾客们为了能买到他们的牛肉饼而不惜排队抢购。

克洛问麦氏兄弟为什么不多开几家分店，狄克摇摇头，指着附近小山坡，"看到上面那幢房子了吗?"他说，"那就是我的家，我喜欢那边。如果我们开了连锁餐馆，我们就永远不会有闲暇回家了。"

于是克洛看到他的机会来了，而且立刻把握住。经过他的请求，麦氏兄弟很快就答应给他经销权在全国各地开分店，条件是抽取5%的利润。克洛专心致志地干了起来。

克洛拥有的第一家麦当劳餐馆于1955年4月15日在芝加哥郊区开张，第二家于同年9月在加利福尼亚州雷萨达市开业。后来增设分店的速度越来越快，到1960年，一共有280家麦氏餐厅分设各地。1968年前，每年大约有100家陆续开张，以后更增到每年200家以上。

1961年，克洛以270万美元向麦氏兄弟买下主权——包括名号、所有商标、版权以及烹饪处方。自此以后，他跟这两位兄弟彼此就很少联络了。克洛说："他们比我年轻，可是他们歇手了。我可不能抛锚，当你年轻的时候只要能奔，就得前进，到你老了，一停手就会僵化。"

作为麦当劳的董事长兼首席主管，雷·克洛69岁仍活跃得一如往昔。

他这样说："我们需要的是把全部力量都投到事业中的人，如果他的野心仅止于养家糊口，过得安适悠闲，麦当劳就不需要他。"

机遇面前，人人平等。在我们的一生中，大概每个人都有福星高照、鸿运当头的时候，但很少有人能抓住机会，变成真正的富翁。这里面的原因，主要就在于他们的头脑里有许多负面的障碍。事实上，成为富翁是一场智力游戏，成功者会时刻留意身边的有利机会，他们宁愿相信，风险愈大，机会愈大。他们衡量风险与利益的关系，一旦确信利益大于风险，就会义无反顾地投入这项事业中去。

表面看来，是机遇造就了富人，其实成就他们的，是对成功的强烈愿望。没有登顶意识的人，永远没有机会品尝"一览众山小"的滋味。

安全的生意利润小,偶尔的冒险才能致富

有些人很聪明,对不测因素和风险看得太清楚了,不敢冒一点险,结果聪明反被聪明误,永远只能“糊口”而已。只有敢于打破常规,才能开辟出一条别人不曾走过的路,在别人没到过的地方,才可以得到别人得不到的收获。

有人总结说富人是猛兽,捕猎觅食的时候喜欢独行;而穷人则是食草动物,动辄成群结队,以为人多的地方才安全。

是的,穷人在生活中,多少都有些“从众”的心理。因为不自信,所以他们常常依赖于别人的经验。难道这样就安全了吗?过去游击队打鬼子的时候,埋雷高手的一个绝招就是在埋好雷的地面上撒一些尘土,再盖上一个脚印。脚印是安全的标志,说明已经有前人走过了,后人可以大胆跟进——但那恰恰是个陷阱,让你死无葬身之地。

香港成功商人陈玉书在他的自传《商旅生涯不是梦》里指出致富秘诀在于“大胆创新,眼光独到”。譬如说,地产市场我看好,别人看坏,事实证明是好,我能发大财;反之,我看好,别人看坏,事实证明是坏,我便要受大损失,甚至破产;如果大家都看好,我也看好,事实证明是对了,则也仅仅能糊口而已。

世界的改变、生意的成功,常常属于那些敢于抓住时机、适度冒险的人。

有些人很聪明，对不测因素和风险看得太清楚了，不敢冒一点险，结果聪明反被聪明误，永远只能“糊口”而已。而如果能看到别人看不到的机会，做别人不敢做的生意，就很可能从此打开一种全新的局面。

1906年4月，旧金山发生强烈地震，高大的建筑物瞬间成了一片废墟。贾尼尼的银行也已不复存在，但所幸的是他冒着生命危险，将银行中的8万美元现金成功地转移了出来。

地震过后，旧金山财经界的名流们召开紧急会议，商议对策。因遭大火吞噬而损失惨重的商人们，强烈要求银行立即发放贷款，而银行家们则认为，至少得到半年后银行才能重新恢复营业。双方各执己见，互不相让，眼看一场混战即将爆发。

这时，还是银行界区区小人物的贾尼尼壮着胆子，在众多大银行家面前，宣布了一个大胆的决定：他的大众银行将在第二天早上正式恢复营业。他还建议：“希望大家能和我一起打开银行。如果没有办公桌可向我来租或借。”

贾尼尼不负众望，果然在大街上开起了“露天银行”，他还在报上做了广告，不失时机地进行宣传。

广告一登出，前来存款的人比贷款的人还要多。因为人们普遍对地震感到恐惧，所以都认为将钱放在贾尼尼的银行里比藏在家里要安全得多。这种局面大大出乎银行家们的预料，让他们感到既生气又懊悔。

而贾尼尼的银行却由此名声大振，顾客范围也越来越大，利润不断增加。终于在短短的几年内，由一家不起眼的小银行，一跃成为旧金山独当一面的商业银行。

人人都期待成功，但是成功的阳光不可能均匀地洒在每一个人的头上。这就需要成功者敢于打破常规，采取不寻常的举措。因为只有敢打破常规的人，才能开辟出一条别人不曾走过的路，只有在别人没到过的地方，才可

以得到别人得不到的收获。正如宋代王安石所说："夫夷以近，则游者众；险以远，则至者少。"那些隐藏在高山大河之后的美好景色，因为行程遥远而道路艰险，所以一向没有多少人可以领略。这也是为什么成功者只是少数的缘故。

所以，要做一个真正的富人，就不能被"安全"两个字限制了手脚。小心翼翼、抱残守缺，这是多数人的生活方式和做事准则，也是多数人不能成功的一个重要原因。

在我们的一生中，面临真正的机会的时候并不是很多。为了不让机会白白溜走，我们必须事先调整好心态，克服畏惧的心理障碍。事实上，那些貌似安全无忧的地方，并不一定就是我们的乐园。

一年冬天，草原上着了大火，火借风势越刮越猛。牧民们一个个拼死向前奔跑，仓皇逃命。可是，即使人跑得再快，也没有风和火的速度快，在他们精疲力竭之后，最终都被大火无情地吞没了。但是，有几个人只受了轻伤，幸存了下来。

原来，火来的时候，他们没有顺着火苗往前跑。相反，他们义无反顾地迎着火的势头，向大火冲去，穿过了凶猛的火舌，他们到达了安全地带。

在暴风雪和大火来临时，有些人立刻想到逃跑，结果把自己送上了绝路；相反，有的人勇敢地迎上去，直面险恶，结果踏上一条生路。

丘吉尔曾说过："一个人绝不可以在遇到危险的威胁时，背过身去试图逃避。若是这样，只会使危险加倍。但是如果立刻面对它毫不退缩，危险便会减半。人不要逃避任何困难，决不！"人生并不是一帆风顺的，想成功的人更会碰上许多困难与障碍，刻意逃避反而使你更难达到目标，不如面对它，清除它，人生的机遇才会赐福给你。

只有曾经面对艰险的人，才会理解"安全"的真正含义。如果一个人具有开拓者的勇气，喜欢迎接新的挑战，在披荆斩棘的发展过程中，他将一点点地强大起来，他所创造出来的财富和地位，将可以经受风雨的侵袭而无可动摇。相反，一个人对自己没信心，总想跟在别人的身后，在熟悉的环境里混一碗饭吃，那么他是不会有大发展的。在财富的世界里，只是一个可有可无的边缘人，周围一有什么风吹草动，最先出局的就是他。

冒险并不是莽撞和胡干

别人在某个领域成功了，不代表你干也能成功；你是某个公司的好职员，不代表你就能独立复制一个同类的公司。创业考验的是一个人多方面的综合能力，盲目下海，可能会被碰得头破血流。

古人高呼“王侯将相，宁有种乎？”期待颠覆旧秩序，成为新贵族；现代人高呼“天下财富，宁有主乎？”渴望能痛痛快快地拼搏一把，成为下一轮的富人。

“现在当老板”的言论痛快淋漓，振臂一呼，响应者如云，哪个穷人不希望自己的日子马上发生根本性的变化？当有人在墙壁上凿了一扇门的时候，大家都以为真正的光明就在眼前了，不管它多窄，也不惜代价地往前挤，好像过了这一关，前方就一片通途。要是事情这么简单，世间也没那么多贫富强弱的分化了。不要以为别人在某个领域成功了，我们照方抓药，也必定会成功。这种盲目性，本身缺乏对事物的独立分析和判断，蕴藏着极大的风险。静下来想一想，即使同样的事情，不同的人去做，也会有不同的结果。每个人的素质、条件、思路、做法不尽相同，怎么能保证产生同样的结果呢？

还有一些穷人们，因为在某个行业干过，已经熟悉了公司的运作，就以为可以另起炉灶，开创自己的事业了。当然这是一件好事，但是给人打工和自己当老板是不同的，如果你还没做好全面的准备就轻易涉足某个领域，充其量也只是个有勇无谋的愣头青罢了。

有一位美术学院的大学生，毕业后分配到一家杂志社当美术编辑。他每日的工作不过是画画插图，搞搞版式设计而已，轻车熟路，得心应手，受到上司和同事的好评。但是干了一年，他嫌薪金少，毅然辞职，自己开了一家美工装饰部。开业才几日，就承接了一笔十多万元的装潢业务。他组织了十来个人，夜以继日地干起来了。一个月后，装潢工程干完了，谁知不仅分文未赚，反而蚀本两万余元！

谁都知道装潢业务利润极丰，为什么竟会蚀本呢？其实道理很简单，同样一种生意，同样的条件，懂行的做会赚钱，而外行做肯定赔钱。那位搞装潢的大学生，在画画方面他是内行，但画画与搞装潢完全是两回事了。他连工程预算都没接触过，更不了解人工、原材料等方面的知识，盲目地签了合同，赔本在所难免。

一个人从零开始，或从做工、做学问到经商，是一个很大的飞跃，二者在许多方面都是截然不同的。就拿给人打工和独立经商来说吧，做工时你除了要认真地搞好自己担负的那份任务外，一般不用为企业的规划、发展，技术设备的改造更新等一系列棘手的问题伤脑筋。只要你按时上班，完成了任务，公司每月就必定按时给你发工资。而经商则是另外一回事了。当你只是个小职员时，如果还没有想到下一步要做什么，老板会立刻告诉你。而在个人企业中，你必须每时每刻有着新的计策，决不能有丝毫的惰性。有时候，甚至要经历相当一段时间的失败和探索，才能找到一条适合自己的道路。

梁稳根因为企业股权改革获得了2005年的CCTV经济年度人物奖。评委会的评语是：他花了十九年时间，把创业梦想耕耘成中国经济改革的试验田，2005年，他第一家推出股权分置改革方案，他以产业报国的成功向我们印证——穷则变,变则通。

在创建三一集团之前,梁稳根在湖南洪源机械厂工作,因为国有企业的制度与自己的个性不合,他与几个志同道合者“下海”成立了公司。

当时他们四个人中有三个人在一个地方买羊,梁稳根在家里指挥。当时也没有电子邮件和电话,所以他就打了一个电报说“羊不要毛留”。结果发电报的人很奇怪,问:羊不要毛如何留?梁稳根只好解释给他听:在那里买的几十只羊暂时不要,跟我们一起参加创业的毛先生还要在那里继续留一段时间。因为当时没有钱,所以才会如此省略。

后来他们又去卖酒,再后来感觉玻璃纤维很赚钱,又去搞玻璃纤维,但结果都以失败告终,几乎到了山穷水尽的地步。最后几个人坐到一起,反复讨论为什么会失败,觉得贩羊、做酒和玻璃纤维都不是自己的长项。要获得成功,还是要在自己熟悉的领域寻求突破,他们这才决定应该做金属材料,总算将一只快要沉在商海里的小船稳定下来。

即使是不折不扣的成功人士,在他们的创业过程中也不可避免地要经历一些“不成功阶段”。作为后来者的穷人,在做出“自己当老板”的决定之前,更应该做好全面的心理准备。

首先你要问自己:能不能顶得住失败的风险。看清楚冒风险所要预备付出失败的代价,可以使我们的头脑更清醒,一旦真正面临危机时,不至于惊慌失措。

在财务方面,一旦投资失败,可能血本无归,甚至欠债累累。

在职业方面,自主创业的人需要放弃稳定的收入、升迁的机会。如果创业失败,被逼做原来的工作,更会损失年薪。若转做其他工作,多年累积的工作经验可能派不上用场。

在情绪方面,创业者需长期面对巨大的工作压力、可能失败的压力,长期在高度紧张的状态下工作。

创业的目的，总是以追求利润为原则，所以无论是保持着现实、理想，甚至梦想的态度来经营事业都未尝不可，但总不能将经营计划过于单纯化。正确的创业态度不应该避讳失败，这不是吓唬那些创业者们，而是说凡事以知己知彼为原则，避免那种冒冒失失的蛮干。

有胆有识才能顺利度过险境

有识没胆，那是坐而论道的懦夫；有胆没识，那是有勇无谋的莽汉。真正具备成功素质的人，从来都相信命运靠自己掌握，他们敢冒风险，但他们同时也时刻都在研究自己下一步的发展规划。

那些赤手空拳打天下，并最终确立了自己富人地位的人，大都是一些敢作敢为的冒险者。人生要想取得成功，必须有胆量。胆子有多大，路子有多宽。

胆子是成为富人的条件之一，但在创造财富的历程中，仅仅是胆子大还远远不够。和"胆量"相匹配的是"识见"，也就是说要脱贫致富，不但在于"看准了就去做"，更重要的是要"看得准"。这就包括了要看准潮流形势，看准事物的发展方向。20世纪90年代初期出现房地产热，许多人一掷百万到沿海去炒地皮，有没有胆量？有！但有的人不仅没有因此而致富，反而血本无归，债台高筑。原因何在？是他们不懂得泡沫经济是不可能持久的，盲目跟风，只有胆，没有识。

真正具备成功素质的人，从来都相信命运靠自己掌握，他们敢冒风险，但他们同时也时刻在研究可能出现的后果。他们做他们所能做的一切，以提高获取回报的可能性。他们认真准备、制订计划，以获取成功。

1989年4月20日，一场罕见的风暴席卷了整个泸州市，也让罗代榕所在单位泸州长城机电厂劳动服务公司陷入了瘫痪。罗代榕回家待岗了，时年32岁，女儿刚刚1岁。

为了生活，罗代榕做过搬运工，也卖过大碗茶。在这几年的工作中，她越来越强烈地认识到：自己才是救世主。

1992年3月，善于思考的罗代榕东拼西凑借来一笔钱，伙同两位朋友尝试了人生第一次风险投资——开了一家加油站，但加油者寥寥无几，一年下来，投入的钱全部亏进去了。雪上加霜的是：两位朋友也撤了资，罗代榕负债累累。

为什么会这样呢？日思夜想中，一个念头闪过，要是有自己的车队来加油，不就能带动其他汽车来加油了吗？随即，罗代榕果断地找亲戚借来房产证抵押，贷回两万多元作为开办费，租赁当地农行5辆夏利车，成立了泸州市金梦出租汽车公司。策划有方，1994年，金梦出租汽车公司有了微薄利润。

终于看见希望了。罗代榕如释重负。1995年，在泸州当地首次举行的公开拍卖出租车经营权会上，罗代榕在别人惊讶的目光中，贷款买下了二十多辆出租汽车的经营权。随后，1997年、1998年，罗代榕又一口气收购汽车修理厂，兼并汽车运输公司，开设汽车配件销售网点。从运输、加油到配件，走的是一条几近完整的产业链路子。精明的女人，在最关键时刻走出了最精明的一步棋。

企业大了，罗代榕从整合开始加强内部管理。1999年，她关掉了一些规模小的企业，“组合优势资源，集中向外发展”。2000年，罗代榕与新疆油田、北京中油等企业签署了合作协议，并共同出资组建公司。此外，她还以3000万元收购了四川煤化股份有限公司。到2001年，泸州金梦煤化集团成立时，罗代榕早已是千万富翁。

罗代榕的成功，来自一系列的大手笔的动作，她那种知难而进，把劣势经营成优势,以优势带动另一种优势的运筹思想,就是一幅现代商业社会的寻宝图。那些有做大生意素质的人,头脑里三个重要问题必须是非常明晰的:我现在的位置在何处;我下一步的发展规划是什么;我将如何做到这一点,何时做到这一点。有了明确的商业计划,在经营的过程中,才可以避免那种被客观环境、外部影响牵着鼻子走的盲目性。

对于富人,赚钱是大胆决策和自己用心经营后的必然结果,而绝非误打误撞的"大运"。在他们大胆果断的"冒险"背后,是深谋远虑的筹划与安排。

1959年,金庸35岁,抵港已11年了。他对自己这段时间的作为做了一个总结:

北上投效外交部失败;

婚姻失败;

唯写作武侠小说成功。

把这几件事综合起来看,写武侠小说应该是自己走的路。但是,在金庸看来,写武侠小说毕竟只是"副业",在别人看来也许是成功的,但自己始终难抒己愿。而最让他难受的是,作为主业的编辑行业却因《大公报》的工作作风而使自己难以尽情施展抱负。那么,下一步该怎么走?

在别人看来,金庸坚持以写武侠小说作为自己的事业也是很不错的。但金庸选择了一条充满风险的行业:办报。

在香港有这样一句俗语:假如和人有仇,最好劝他办报,意指办报的风险极高。但金庸已经决定自立门户,说干就干!1959年5月20日,日后名声斐然的《明报》正式创刊了。

选择一项全新的、从未有过经验的行业自然有许多难处,对金庸也不例外。《明报》创刊之始即苦苦支撑,困境时甚至只剩下包括金庸在内的两人,许多人都断言:《明报》不出半年即倒闭。但出人意料的是,《明报》不但支撑了下去,而且销量渐有上升,一步步打开了局面。

武侠小说作家站出来办报，旁观者也许会为金庸的胆量喝彩，如果以武侠世界的观点讲，他是一位敢作敢当的勇者。其实在金庸先生自己看，这背后未必没有谋略的支撑。应该说金庸对办报是有所准备的。这次重新选择事业，金庸吸取了北上求职失败的教训，事先估计了各种可能的情形。十来年的经历一方面为他增加了不少经验，另一方面也使他有了一定的积蓄，用作启动资金是不愁的；为刺激报纸销量，以前给《大公报》等写的国际政治述评可以转在《明报》上发表，而给《新晚报》等的武侠小说连载更是抢手货。另外，针对香港市民的爱好，《明报》专门开辟了娱乐版面，也可以吸引一大批读者。即使是办报失败了，自己仍可以从事翻译和武侠小说的写作以维持生活，自然，这是最坏的打算。

有了这样细致的前期准备，放心大胆地选择自己的新目标当然是没有问题的。

人生是一场长途的跋涉，我们自然可以冒险选择距离成功的最短路径，但是你一定要看清方向，带好必需的装备。

时机总是与危机共存，过去了便是成功

危机中往往蕴藏着巨大的转机，坚持下来的人，才是最后的胜利者。为了顺利度过危机时刻，寻找下一个突破口，我们需要一种“居危思安”的思维方式，在危难中看到希望，在困境中自我安抚，在磨砺中设想未来。

有句歌词叫做：没有人能随随便便成功。不论穷人还是富人，在做事业的过程中，都难免要碰到波折险阻。不尽相同的，是他们在此时的表现。

许多人遇到工作或生活中的危机时，往往变得消沉，或者说出“我算是完了！”之类的丧气话，而否定自己的未来。而成功者却与此正好相反，他们越是在这样的时候，越要把发生的一切事情向积极的变化方向去设想，在危机中找出转机并走向成功。在成功者的心目中，“一扇窗子关闭了，另一扇窗子为我开启”、“过去所有一切的结束，正是一个新目标的出发点”、“这条道路不适合我走，所以上帝指示我向另外一条道路前进。”

宇宙中存在着大自然的威力，人应该顺应这一威力而生存，这十分重要。因此，必须明白苦痛辛酸之时，正是你站在一个新起点的时候，是你迎来一个绝佳机会的时候。

2001 年，在美国纳斯达克上市刚刚 9 个月的网易公司，遭遇到前所未有的残酷打击，股价连连下跌，最终跌破一美元大关，只剩下 53 美分。当舆论感慨财富英雄丁磊瞬间沦为乞丐的时候，网易的部分员工已经在考虑如何在新的主人到来之前走人。

在企业风雨飘摇、前途未卜的时候，首先想到自身的安危似乎无可非议。首席执行官走了，首席运营官走了，还有一些与网易一同成长的元老走了……在企业最艰难的时刻，他们选择了逃离。

老天总是喜欢开一些不大不小的玩笑。当所有人都认为网易必死无疑的时候，丁磊却让它奇迹般地起死回生了。靠着对无线业务和网络游戏前景的准确判断和大胆抉择，网易神奇地赚到了大把钞票。网易的股票又开始扶摇直上，一跃而到了75美元，在人们还没有弄明白究竟发生了什么的时候，丁磊转眼间成了中国的双料首富，成为中国有史以来最年轻的亿万富翁。网易所有的员工都身价倍增，出现了一批百万元富翁。

昔日离开网易的那些人，此时面对节节攀升的股价，不由得连声叹气，当初的一念之差让他们与成功、与财富失之交臂，人一生中所能遇到的大好机会被他们亲手葬送掉了。

危机中往往蕴藏着巨大的转机，坚持下来的人，才是最后的胜利者。这一要靠毅力和勇气，二要明白否极泰来、物极必反这个道理。

赌场里有一种高手，他四处游走，专门注意那些已经守在同一架老虎机之前几个小时，却输多赢少的客人。

当那客人输光了手上的筹码，气得直跺脚，终于自认倒霉，离开那架机器时，这位高手就立刻取而代之。

令人吐血的是，常常前面的客人还走不到几步，突然听见背后机器狂响，回头只见机器上的红灯直闪，他枯坐几个小时，赔下几百几千的那架老虎机，居然正在狂吐钱币。

大捞一票的，正是那位高手。

绝望的那一刻，往往是希望的开始。危机的尽头，往往就是转机。山穷水尽的地方，往往就会柳暗花明。当你在成功的赌场已经绝望、打算离场的时候，注意——正有人兴致勃勃地打算入场。只要你再坚持一刻，成功就属于你！

以卓绝的勇气与坚持度过危机，迎接事业的曙光，是非常之人，获得非常成功的重要途径。如果你觉得做到这一点有些困难，也许下面的方法可以给你一些启示：

有一位成功的商人接受专访。记者问："据我了解你的事业越做越大，其中最重要的原因是你始终保持清醒的头脑，不管多么顺，总能做到'居安思危'，是这样吗？"商人思索片刻后说："'居安思危'当然重要，不少创业者就是因为缺乏这种意识而从巅峰跌入低谷。但在我看来，'居危思安'更重要。"

记者颇感新奇，就问："'居危思安'这个提法还是第一次听说，您能说得更明白些吗？"商人笑着说："你知道吗？更多的创业者之所以没能成功，不是因为缺乏勇气，而是缺乏乐观的心态。在困境、危难时，他们苦苦挣扎、艰辛打拼，但结果还是不尽如人意。表面看来，他们很坚强，实际上心理已变得很脆弱。而居危思安的人总能在挫折中保持乐观的心境，颇有一些阿Q精神，再困难的时刻，他都乐于幻想美好的结局，许多智慧的火花都是在这种氛围中迸发出来的。"

困境中看到希望。这句话说起来简单，做起来并不容易。一个流着泪说自己要学会坚强的人，骨子里散发出的仍是脆弱。面对困境，他们想到的只是如何挣扎求生，这个过程当然是悲苦乏味的，所以他们很容易会因为一时的动摇而退缩。前面的路即使还有转机，他们也享受不到了。

而居"危"思"安"，绝非自欺欺人。在危难中看到希望，在困境中自我安抚，在磨砺中设想未来，这不但是一种乐观的大境界，而且还能在这种境界激励和"诱惑"下，变得灵活敏锐，进而寻找到一个通向胜利的突破口。

穷人致富，绝不是一件可以一蹴而就的事情，所以我们不管是遇到顺境还是逆境都属于正常。可惜的是，有些人一遇到什么风吹草动，脑子就乱了，于是匆匆忙忙转移到所谓的“安全地带”，先前付出的精力，全部付诸东流。其实把一个人逼入死胡同的危急时刻，正是发挥他潜能的绝佳时期，我们完全可以换一种思维方式看问题，并且获得比以前任何时候都巨大的成功。

第六章

0.5 有行动力：结果都是一点点“做”出来的

西方有句格言：“任何时候都可以做的事情往往永远都不会有时间去做。”许多人擅长思考、分析，可是却很少付诸行动，这样的人永远和成功距离一步之遥。要在积累财富的过程中形成自己的赚钱经验，一味被动地硬学财经知识，不停地修正投资计划，不但在无形中减少了我们的投资收益，而且当环境变化时，很难做出有效的反应来减少自己的损失。穷人也许不比富人缺少思想和智慧，但是在行动上，他们缺乏富人敢作敢为的素质。在创富的道路上，从慢一小步，到慢一大步，然而与富人的距离越拉越远。

拖延让人颓废和消沉

拖延不仅仅意味着你没有良好的行事作风，它还可能使我们整个人都处于一种消沉懒散的状态之中。你等待的时间越长，面临的困难就越多，最后大部分的计划都将不了了之。对于穷人，拖延的习惯使其从慢一小步，到慢一大步，最后与富人的距离将越拉越远。

成功源于积累，对于正要脱贫致富的穷人尤其如此。从坐吃山空到拥有自己的工作，从给人打工到自主创业，从见缝插针、小打小闹的小商人到站稳脚跟成为真正的富人，这中间每跨出一大步，都是由无数的一小步组成的。行动造就了富人，而遇事每每去拖、去等，时光流逝，等混到两鬓斑白时，“穷人”二字就算在你身上定了格。

要知道，拖延不仅仅意味着你没有良好的行事作风，它将直接关系着我们所能取得的最终成就。

“现在”这个词对成功而言妙用无穷，现在就做不仅体现出行为人的充分自信，也体现了重视行动的处事原则，奉行这一原则的人，没有几个是不成功的。而“明天”、“下个礼拜”、“以后”、“将来某个时候”或“有一天”，往往就是“永远做不到”的同义词。有很多好计划没有实现，只是因为应该说“我现在就去做，马上开始”的时候，却说成“我将来有一天会开始去做”。

如果要走的路程有一万步的话，一般人就都认为这段路程只是一万步机械地相加，然而这是错误的。一步一步慢慢走的人，会在心灵深处慢慢播下好种子，因此不久就会起作用，不必等到一万步，在半途中就会有好的变化。同时，若能领悟到潜能的话，就可以得到更大的力量，而提早实现目标。所以纵使路程看起来似乎很遥远，走起来似乎很艰苦，可是也应该忍耐，尽量正确而明朗地怀抱着希望继续走下去。

人都是很软弱的，遇到新的问题时，总是在想“今天实在太累、太苦、太疲、太倦了，明天再来做吧！”有这种想法的人很多。把事情拖延到明天，这是不行的，因为可能明天也是做不到的，而且明天还有明天的新工作，所以这样累积下来的工作就会越来越多。

在生活中，一旦我们有了某种想法的时候，应该以最快的速度付诸行动，把偶然的灵感，经营成实实在在的赚钱的机会。

一天黄昏，日本三洋公司创始人井植熏在马路上骑车，因为他的自行车车尾没有反光板而被警察严厉地教育了一番。回来的路上，井植熏不断地回想着警察的话：“这是法律规定的，这是法律规定的……”突然，一个想法出现在他的脑海中，真要是这样的话，那可就是一桩好买卖呀：全国大约有1000万辆自行车，每辆自行车都需要反光板，这个市场太大了！他想起在三洋的车间里，还堆放着大批的钢片边角料，以往这些下脚料都是当废品卖掉的，若是用它们来生产自行车车尾反光板的底板和边框，真是再合适不过了。这个想法一出现，他便立刻采取了行动。第二天，他打电话到东京，询问红色玻璃的价格。粗略地估算了一下成本，大约每个反光板需要18元，而当时市面上出售的用黑铁皮做的反光板价格是28元，他完全有占领市场的优势。

很快，三洋生产的钢框反光板面市了，并且很快超过了马莫尔和松下等老牌子，几乎独占了整个市场。三洋公司也从此逐渐发展壮大起来。

拖延导致低效,是一种影响工作效率的糟糕习惯。不管多么美好的目标、多么伟大的计划,常常都会因为拖延的习惯而无声无息地消失。无论做什么,你至少要先起步,才能到达高峰。一旦起步,继续前进便不太困难了。工作越是困难与不愉快,越要立刻去做。你等得越久,就变得越困难,越可怕,这有点像第一次站在游泳池的跳板上准备跳下去一样,你等得越久,担心和害怕越多。

在应该做事的时候,许多人依然像没上发条的闹钟一样,一直紧张不起来。时间一长,最初的热情和已经花费的精力都将在消极等待中消磨殆尽,你不但会损失眼前的机会,还将影响到你的长远规划。

克罗克是美国颇负盛名的麦克唐纳公司的老总。有一段时间,公司出现严重亏损。克罗克发现其中一个重要原因就是公司各职能部门经理总是习惯于靠在舒适的椅背上指手画脚,把许多宝贵时间耗费在抽烟和闲聊上。

于是,他派人将所有经理的椅背都锯掉,“逼”着他们离开舒适的椅子。一开始,经理们不解、不满,觉得克罗克不近人情。不久,他们悟出了老总的良苦用心,于是纷纷深入基层实地调查、处理问题。他们的行动影响和带动了全体员工,公司不到三个月就扭亏为盈。

椅背锯掉了,惰性的温床便不复存在,人的活力与创造力重新被激发,公司效益随即扶摇直上。上帝是公平的,每个人都拥有一份弥足珍贵的馈赠,比如健康、美貌、学识、才智、人缘、机遇等,它们在你迈向成功的过程中既发挥着推进器的作用,又不可避免地显露出“椅背”的诱惑。

人难免有惰性和依赖心理,但自身又往往很难察觉到,只有当境遇大变,“把你逼到那份儿上”,你才知道应该锯掉“椅背”。当你发现懒惰、舒适、享受等诱惑稍占上风,就应该果断地“删除”,否则,你可能轻易失去一张或几张通向财富的“金牌”。

消除拖延习气,最有效的办法是逼迫法,也就是决定自己要做一件事的同时，立即让自己动手，绝不给自己留一秒钟的思考余地，千万不能让自己拉开和惰性开战的架势。对付惰性最好的办法，就是不让惰性出现。在事情的开始，总是积极的想法先有，然后当头脑中一出现“我是不是可以……”这样的问题，惰性就出现了，战争也就开始了。一旦开仗，结果就难说了。所以要在积极的想法一开始，就马上行动，那么惰性就没有乘虚而入的可能了。

西方有句格言：“任何时候都可以做的事情往往永远都不会有时间去做。”所有的梦想都会消磨，都会淹没在日常生活的琐碎之中，或者在懒散消沉中流逝。如果你的头脑出现了任何一种好想法，那么请马上开始行动！

只有行动才能战胜怯懦

人的心理倾向于选择安全、舒适和熟悉的环境，对于没有尝试过的事情总是心存畏惧。正是这种无形的障碍，使我们裹足不前，错过了许多本来应该去做，而且能够做好的事。要对付怯懦，最有效的方法无过于行动，有了开始，下一次就容易多了。

穷人在现实环境中，总是处于相对落后的位置，这使他们对自己信心不足，不敢大胆地表现自己。有时候，我们不敢学外语，不敢下水学游泳，不敢在台上唱歌，不敢换工作，不敢创业，不敢投资，这种种不敢，其实都是我们自己给自己设下的无形障碍！也正是这种无形的障碍，使我们裹足不前，错过了许多本来应该去做，而且能够做好的事。

要对付怯懦，最有效的方法无过于行动。

你可曾攀上过高处去刷屋檐吗？你攀登高梯时，上了一半，便开始担心梯子是否结实，架得可稳。你停下来紧抱着梯子，不敢上下望，两腿莫名其妙、无法控制地发抖。

最后你克服了那一级，缓缓地一级一级爬上去，终于到了梯顶。可是你仍两手紧抓梯子，以保性命，又怎能腾出手来刷漆呢？但你终于办到了。你战战兢兢地开始工作。天色晴朗，阳光灿烂，油漆刷在干燥的木板上立即干了。你吹着口哨，心情开朗，积极地把工作做好，忘记了那高度。

当你遇上害怕做的事情时，只要敢试一试，就会觉得并没有什么，也没有你原先想象得那么可怕。

怕了一辈子鬼的人，一辈子也没见过鬼，恐惧的原因是自己吓唬自己。世上没有什么事能真正让人恐惧，恐惧只不过是人心中的一种自设的障碍罢了。不少人碰到棘手的问题时，习惯设想出许多莫须有的困难，这自然就产生了恐惧感，遇事你只要大着胆子去干时，就会发现事情并没有自己想象的那么可怕。

一个女孩经历了诸多的挫折，始终没有找到一个成功的入口。迷茫的她，给自己放了个假，带着灰色的心情去美国旅游。

一天，她在旧金山市政厅参观的时候，难得兴致高涨，信步漫游。不知不觉来到市长办公室的门口，她不假思索地敲了门，不料一个壮实威严的保镖走了出来，惊问道："小姐，我能帮你什么吗?"她愣住了，一时不知该怎么回答，顿了几秒钟，心想：既然敲了门，那就进去看看吧。于是，她精神十足地对保镖说："我能进去看看市长吗?"

保镖上下仔细打量了她一番，说道："你得稍等片刻。"说罢，他用监视器和市长通话，确定见面的时间和地点。不一会儿，那个胖嘟嘟的市长，大腹便便地走了出来，很高兴地和她一起聊天、拍照，就像一对早已认识的忘年交。

那一次，是她旅行中最开心、感觉最好的一天，因为她悟出了一个道理：敲门就进去。

结束了美国之行后，她顺着自己的感觉义无反顾地走下去，终于找到成功的入口，成为国内某知名证券公司职员。

如果有一件事应该去做而你一直在犹豫，那么单刀直入是最简明的办法，做来不易，但很有用。而且，第一次克服了心中的畏怯，下一次就容易多了。

美国前总统罗斯福说过:“我们唯一需要害怕的,是害怕本身。”因为心中的畏怯,使我们在做一些新事情的时候总是犹豫不决。人的心理倾向于选择安全、舒适和熟悉的环境,只有具备成功素质的人,才可以冲破这种心理的束缚。

如果你觉得一件事对于自己是不错的选择,那么就下定决心立刻去做,这样你最热望的梦想就可能变成活生生的现实。

孟列·史威济非常喜欢打猎和钓鱼,他最喜欢的生活是带着钓鱼竿和猎枪步行50英里(80.5千米)到森林里,过几天以后再回来,虽然筋疲力尽,满身污泥却快乐无比。

这类嗜好唯一不便的是,他是个保险推销员,打猎、钓鱼太花时间。有一天,当他依依不舍地离开心爱的鲈鱼湖,准备打道回府时突发异想:在这荒山野地里会不会也有居民需要保险?那他不就可以既工作又在户外逍遥了。结果他发现果真有这种人:他们是阿拉斯加铁路公司的员工。他们散居在沿线50英里各段路轨的附近。他可不可以沿铁路向这些铁路工作人员、猎人和淘金者拉保呢?

孟列在想到这个主意的当天就开始了积极计划。他向一个旅行社打听清楚以后,就整理行装。他不肯停下来让恐惧乘虚而入,因为在他看来,自己吓自己会使自己的主意变得荒唐,以为它可能失败。他也不左思右想找借口,他只是搭上船直接前往阿拉斯加的“西湖”。

孟列沿着铁路走了好几趟,那里的人都叫他“走路的孟列”,他成为那些与世隔绝的家庭最欢迎的人,不只因为没有人愿意跟他们打交道,还因为他是第一个来向他们推销保险的人。同时,他也代表了外面的世界。他还学会理发,替当地人免费服务。他无师自通地学会了烹饪。由于那些单身汉吃厌了罐头食品和腌肉之类,他的手艺当然使他变成最受欢迎的贵客。而在这同时,他也正在做自然而然的事:徜徉于山野之间、打猎、钓鱼,并且像他所说的——“过史威济的生活”。

在人寿保险事业里，对于一年卖出100万元以上保险额的人设有光荣的特别头衔，叫做“百万圆桌”。在孟列的故事中，最不平常且使人惊讶的是：在他把突发的想法付诸行动，在动身前往阿拉斯加的荒原以后，他在一年之内就做成了百万元的生意，因而赢得“圆桌”上的一席地位。

当一个人在行动之中将自己的积极性全部调动起来的时候，他几乎可以达成自己的一切目标。

有些穷人之所以不敢动，是怕自己不行。那么这种念头又是从何而来呢？在生活中，由于自己碰过壁，或者由于别人不断向你灌输某种“你不行”的理念。本来颇有能力的人，就容易产生“四面八方都通不过”的感觉，最终干脆放弃努力。应该警惕：所谓“事实证明我不行”，不过是有几次偶尔的挫折和失败，它们并不能代表生活的全部，更不代表你永远失败。你完全可以通过改变外在条件，或提高内在能力，否定“事实证明我不行”。多试几次看一看，说不定你会创造原来想象不到的奇迹。

只有直面失败，才能突破自己的弱点

那些最终成功了的富人们，不在于从来没有遭受失败的打击，而在于他们能够正视失败。好好地打理好失败，这才是现实的人生。这种观念才能使人保持正常、超然的心态，积极地去生活。

穷人致富，从赤手空拳到打下一片江山的过程中，不可能是一帆风顺的。遭受失败不可怕，可怕的是我们被失败击垮，变成了惊弓之鸟，从此再不敢从窝里往外飞。

有一些年轻的创业者，在事业遭到挫折的时候，他们会选择放弃，转而去从事那些相对安稳的工作。即使对所选择的新职业完全没有了兴趣，也只能勉强去做，因为他们怕再跌上一跤，遭到他人的讥笑。还有一些人，一遇挫折便思念家乡，随即抛弃职业，离城返乡，回归了他们原本要努力挣脱的生活。但他们不知道，那些坚持下来的人，战胜了失败的阴影，不久后即见光明。

那些最终成功了的富人们，不在于从来没有遭受失败的打击，而在于他们能够正视失败。他们知道，成功是指最终实现了目标，但并不意味着没有受到挫折。成功是赢得了一场战争，而不是赢得每一场战斗。

一位记者利用职业之便，有幸亲耳聆听了成功者们对于失败的态度：

今年夏天，我去旁听一个私人企业的董事会，会议的内容是如何建造亚洲最大的游乐场，总投资32亿元。12个人，就是这项投资的董事们，可以说个个精英，都是当今的成功者。面对自己的计划，他们发言的精彩让我惊讶。然而更让我惊讶的是，居然没有人谈成功，整个一上午，12个人的发言，谈的都是如果失败怎么办以及在哪一步上最有可能失败。直截了当地说，这个会议简直就是来谈失败的，只是大家在哪一步上能够接受失败。最后老总问大家，如果一旦失败，我们在什么时候投降？我听得惊讶不已。

在许多成功人士中，似乎都是做了周密的失败打算的，他们的成功计划反而更像是一种失败的流程。而那些最终失败的人，却很少做过失败的打算。

把失败计划好，也许才是成功的第一步。知道可能失败的人，大概才知道怎样成功。而人间太多的悲剧与不幸，其实都是因为把成功当成了唯一的目标。一旦失败，便从心理上一败涂地，认为全都完了，彻底完了！其实，人生中埋藏着许多成功，也埋藏着许多失败。只允许成功，不允许失败的绝对观点，反而把许多人毁了。对于一些白领来说，失败甚至就意味着生命的毁灭。在许多时候，不是失败毁了你，而是这种可怕的失败观念毁了你。

人生不如意之事十有八九，这才是我们要过得正常日子。这里面大多数是指的失败。好好地打理好失败，这才是现实的人生，这种观念才能使人保持正常、超然的心态，积极地去生活。只想成功，不理会失败为何物的人，大概真的很难成功，也很难经得起失败的打击。

中国“澳的利”集团的老总陈松富，出生在一个十分贫穷的农村家庭。

刚满8岁的时候，他把平时积攒下来的零花钱买了一对长毛兔，放学之后就去割草喂它们。等兔毛长长，就剪下来，送到城里的收购站去卖。一年下来，他的“小金库”慢慢地鼓了起来，他再也不用向父母要零用钱了。那年年末，他做了一件让全村人惊讶的事——买了全村第一只17钻的钻石牌手表。

就是从那时起,年轻的陈松富为了实现创造财富、改变祖辈贫穷的儿时梦想,在困难面前从未退缩和畏惧,总是全身心地投入,用整个生命去为理想打拼。20世纪80年代初,他费尽心血创办了一家运输公司。运输业的发展并不顺利,1990年,他办起了当地第一家川菜馆。1994年,当川菜馆渐渐多起来的时候,他就卖掉了川菜馆,投资建起了塑料饮料瓶厂。

然而命运却常会捉弄人。1997年底,迎接他的是仓库里堆积如山的饮料瓶子。陈松富彻夜难眠,但他靠经商致富的信念却始终没有垮掉。在困境之中,只有继续拼搏,于是,他决定自己做饮料。5年后,他从无到有,硬生生地在饮料市场上杀出一条血路来,他的饮料在国产品牌节节败退的窘境中挺立起来,5年之间,奇迹般地成就了一个10亿元资产的企业。

比起那些做什么什么成、投资什么什么赚的幸运者,陈松富的成功之路十分坎坷。不管怎样的难关,都想去突破,抱着这种信念的人才会成功。如果换成一个意志不坚定的人,说不定早就感叹自己不是经商的料,灰心之下,撒手不干了。你放弃了生活,生活也会放弃你,所以有很多穷人不是被人打败了,是他们在失望的压力之下,自己落荒而逃的。

我们应该知道,成功不可能一蹴而就,不管什么计划,都会有一段除了等待和忍耐以外,再也没有任何办法通过的时期。最危险的是,在这期间,我们很容易灰心。

所谓接受失败,直面失败,并非只是呆呆地等着天上掉馅饼来给你吃。而是应该拥有信心,抱着希望继续去努力。当一个人全力解决一个棘手问题时,往往发现事情并不像自己想象的那么糟糕。无论多么严重的事情,都需要朝好的方向争取。

在困难面前,永远不要轻言放弃。放弃必然导致彻底的失败,而永不放弃,总会找到解决的方法。也许闯过那最艰难的时刻之后,接下来就是"柳暗花明"。

希望永远只在自己身上

> 对于穷人，能够获得外部的帮助只是一时的幸运，如果从长远来看，外部的帮助常常又是祸根。成功是干出来的，依赖性强、好逸恶劳的人最终会失去成长的机会。

生活中有很多穷人一直在等待，他们隐约觉得，会有什么东西降临，会有些好运气，或是会有什么机会发生，或是会有某个人帮他们，这样他们就可以没有充分的准备和充足资金的情况下为自己获得一个好开端，或是继续前进。于是他们为生活打拼的动力就不那么足，时刻等着那个被称为“运气”、“发迹”的神秘东西来帮自己一把。

虽然我们在生命旅程中，常会有陷入各种危机的时候，但要摆脱这些危机，不要总想着依靠别人，或者奢望富人能够施舍一些东西给你，那只是暂时的帮助，治标不治本，要彻底摆脱贫穷，还要靠自己，要学会自己拯救自己。

力量是每一个志存高远者的目标，而乞求命运、依靠他人只会导致懦弱。力量是自发的，不依赖于他人。坐在健身房里让别人替我们练习，我们是无法增强自己肌肉的力量的。同样，一个人做事的能力，也需要从现实中逐步锻炼出来。

陈嘉毕业于广东一所著名大学的中文系，他的理想是做一名优秀的编辑。毕业后求职时,陈嘉满怀信心地将自己的简历投递各大报刊,但是连面试的机会也很少能争取到,有很多主管人员委婉地表示,他们并不需要没有丝毫工作经验的新人。

就在陈嘉陷入困境中时,一家杂志要招兼职校对。那天,看到消息后,他匆匆打电话赶去应聘。那位负责招聘的女编辑告诉他这是一个临时性的活儿,因为杂志搞了一次征文活动,来稿量大,又要评选,加上结集成书,人手不够,需要找一个人帮一下忙。然后,她问他有什么条件。经受许多次打击,他没敢要价,只说听安排就行了。也许见他诚恳老实,她当场录用了他。

他真是高兴到了极点。做校对的第一天,他就真正体会到了挣钱是多么不容易。原以为一篇稿子变成铅字,是一件十分轻松的事情,没想到,还要经过那么繁琐的一道道工序。从一审、二审、三审,从一校、二校、三校,其间录入,排版……一直到进入车间印刷,装订。他一边干活,一边听着女编辑介绍情况,一点一点体会了干什么事情不是想象中的那么简单。

两个星期后,他第一份临时性工作结束。从女编辑那儿接到沉甸甸的700元钱,他心里异常激动。在这段短暂的时间里,他学到了许多东西。例如,懂得了怎样向报刊投稿,怎样给报刊写稿,而不是像以前那样瞎猫撞死老鼠。

有了这次宝贵的经验,他对自己有了信心,买了一辆旧自行车,经常在图书馆查找报刊、杂志、出版社、文化公司的联系方式,然后去打听是否有临时性的活儿。这招儿还真管用,之后,他又不断干了几种不同性质的工作,例如在一家报社做一个交流会的临时工作人员,在一个文化公司做一个培训班的接待人员,在一家出版社做一本书稿的校对工作。一个月下来,又接了四五次活儿,大概挣了1500元钱。

不久,他投给那位女编辑的稿子也被采用,这是他第一次发表文章,从此以后,他不断向各种报刊投稿,成了一位业余撰稿人,每年发表几十篇文章。而且，由于同一些出版社编辑认识，逐步懂得了策划、撰写书稿，陆续出了十几本书。

决心获得成功的人都知道，进步是一点一滴不断地努力得来的。例如，房屋是由一砖一瓦堆砌成的，足球比赛的最后胜利是由一次一次的得分累积而成的，商店的繁荣也是靠着一个个的顾客在不停地购物过程中形成的，所以每一个重大的成就都是一系列的小成就累积成的。

踏踏实实地做下去是实现任何目标唯一的聪明做法。对于那些刚开始做自己事业的人来讲，不管被指派的工作多么不重要，都应该看成"使自己向前跨一步"的好机会。有时某些人看似一夜成名，但是如果你仔细看看他们过去的历史，就知道他们的成功并不是偶然得来的，他们早已投入无数心血，打好坚固的基础了。那些暴起暴落的人物，声名来得快，去得也快。他们的成功往往只是昙花一现而已，因为他们并没有深厚的根基与雄厚的实力。

她，1972年作为第一届工农兵大学生以优异的成绩毕业于北京外语学院，被分到英国大使馆做接线员。

当时，做一个小小的接线员，是很多人觉得很没出息的工作，但她却把这个再平凡不过的工作做得不同凡响。她将使馆所有人的名字、电话、工作范围甚至连他们家属名字都背得滚瓜烂熟。有些电话打进来，有事不知道该找谁，她就会多问问，尽量帮他准确地找到人。

慢慢地，使馆人员有事要外出，并不告诉他们的翻译，而是给她打电话，有很多公事、私事也委托她通知。一时间，她成为全面负责的留言点、大秘书，成了使馆的"全权代办"。有一天，大使竟然破天荒地跑到电话间，笑眯眯地表扬她。

没多久，她就因工作出色而破格调出给美国某大报记者处做翻译。在那里，她同样干得非常出色，不久，她又被破例调到美国驻华联络处，因成绩

突出，获外交部嘉奖。

再后来，她被提拔为北京外交学院副院长。

她是谁呢？

她就是任小萍，她说：“在我的职业生涯中，每一次都是组织上安排的，自己并没有什么自主权。但在每一个岗位上，也都有自己的选择，那就是要比别人做得更好。”

每个成功人士都有着不同的奋斗历程，但在这些历程中有一点是相同的，那就是他们曾经都付出了辛苦，经历了等待。肯干就是成功，患得患失，拈轻怕重，就会失去成长的机会，受苦是成功与快乐的必经历程。我们从没听说某个习惯等候帮助、等着别人拉扯一把、等着别人的钱财或是等着运气降临的人能够真正成就大事。

穷人不必抱怨命运没有给自己机会，而应该检讨自己是否付出了可以让命运垂青的努力。你需要成功，但没有行动一切都是空谈。在一个可以触到底的浅水池是无法学会游泳的，而在一个很深的水域里，就会学得更快、更好。依赖性强、好逸恶劳是人的天性，而只有“迫不得已”的形势才能激发出我们身上最大的潜力。如果你决定依靠自己，独立自主，你就会变得日益坚强。

对于穷人，能够获得外部的帮助只是一时的幸运。如果从长远来看，外部的帮助常常又是祸根，没有经过磨砺的双脚会得软骨病，当靠人靠不住的时候，自己无法行走的人只能独自吞下这枚苦果。

只有一直努力才能一直拥有

要在积累财富的过程中形成自己的赚钱经验，一味被动地硬学财经知识，不停地修正投资计划，不但在无形中减少了我们的投资收益，而且当环境变化时，很难做出有效的反应来减少自己的损失。要想纠正这种偏颇，行动是一条自我拯救、自我改善的有效途径。

赚钱这件事，没有既定的范围，也没有一定的法则，本身就需要我们在不断尝试之中，充分发挥自己的才能，以换取最大的价值回报。如果你知道有一套可行的致富方法，但却由于各种原因一直没有切实的行动，即使是世间最好的赚钱术，对你又有何用？成功的法则要靠自己去实践。路是人走出来的，越早一步走这条路，成功的目标就越早一天达到。当你左顾右盼、思前想后、犹豫不决的时候，人家已经超过了你，抢在你前面了。你还在等什么？行动才是投资致富的关键。

生活中常有人做事瞻前顾后，拿不定主意，他们总觉得构想不完美，时机不成熟，结果一拖再拖，万事皆蹉跎。其实，再好的新构想也会有缺陷，即使是很普通的计划，如果确实执行并且努力做好，都比从来没开始过好得多。局面要靠行动来打开，在行动中，你会逐渐接触到一些新事物，逐渐提高自己的见识和能力，逐步自我更新、自我完善，然后你就有可能取得也许是最初都不曾梦想过的成就。

位于北京中央商务区霄云路 26 号的鹏润大厦,全玻璃的墙体在夕阳的照射下闪耀着炫目的光芒。曾是两届中国首富的黄光裕的国美电器总部就在鹏润大厦。

黄光裕 1969 年 5 月出生于广东省汕头市凤壶村,家庭贫寒。家里三天两头出现缺钱甚至断粮的情形。黄光裕和他的哥哥黄俊钦就是在这种环境下长大的。

1985 年,初中还没念完的黄光裕,跟着大哥去内蒙古闯荡经商。黄光裕讲,当时出来就是为了找口饭吃,没想得更远。兄弟两人在内蒙古最初从事简单的贸易业务,去过两次以后,黄光裕就决定去更大的地方发展。他问大哥:“内蒙古周边哪个城市更大?”黄俊钦说:“北京、太原等。”黄光裕拿出地图一查,发现北京很大,于是在 1986 年 1 月带着几百元钱,一个人跑到了北京。自此黄光裕揭开了人生的新篇章。

1986 年年底,在做了一年多的贸易后,他承包下珠市口的一家国营服装店,大哥黄俊钦得知情况后,也跑过来助阵。1987 年 1 月 1 日,国美服装店正式开张。尽管兄弟两人起早贪黑,但生意却不怎么样。由于服装店的生意萧条,黄光裕没事就在街上转悠,寻找新的商机。经过一段时间的考察,他发现凡是做家用电器的买卖,生意都很火,兄弟两人决定不干服装这行了,改为经营电器。

这样,“国美服装店”就改名为“国美电器”了。

在创业初期,国美电器的资金非常紧张。没有充足的资金,到哪里去搞那么多的货来支撑店面?眼看着就要到腊月,商业的黄金季节就要来了,可是店里的货寥寥无几,根本就不能吸引顾客上门。在当时的情况下根本没有地方去赊货,原因很简单,厂家的货供不应求,交钱还要排队,怎么会赊销?再一个原因就是,当时的国美不过是一个街头小店,在批发商那里没有什么发言权可言。黄光裕冥思苦想，想出了“货不够，纸箱凑”的主意。黄光裕向几位做电器生意的老乡借来了大大小小的电器包装箱，摆满了整个店。在柜台的显眼处，再摆上几件真品，这样看起来货源就充足了。这个办法还真见效，一时间顾客多了起来，让国美度过了最艰难的一段时期。

凡是能够将梦想、观念及方法付诸实践的人，就具备了竞争利器，也就真正掌握了成功的机会，许多人擅长于思考、分析，可是却很少付诸行动，这样的人永远和成功距离一步之遥。

要在积累财富的过程中形成自己的赚钱经验，一味被动地硬学财经知识，不停地修正投资计划，不但在无形中减少了我们的投资收益，而且当环境变化时，很难做出有效的反应来减少自己的损失。可以说，一个人的投资经验和赚钱智慧是他在不断的尝试中积累的结果，这才是他一生真正的财富。

而要积累自己的经验，最好的办法是亲身体验，这就像学习游泳一样，你需要自己亲自下到水中去才能真正学会。在参与赚钱游戏的过程中，我们将会对这个游戏形成自己的经验，更加深刻地理解这个游戏中的种种规则。

美国康奈尔大学的威克教授曾作过一个实验：把几只蜜蜂放进一个平放的瓶子中，瓶底向着有光的一方，瓶口敞开。但见蜜蜂们向着有光亮处不断飞动，不断撞在瓶壁上。最后当它们明白，自己永远都飞不出这个瓶底时，于是不愿再浪费力气，它们停在光亮的一面，奄奄一息。

威克教授于是倒出蜜蜂，把瓶子按原样放好，再放入几只苍蝇。不到几分钟，所有的苍蝇都飞出去了。原因很简单，苍蝇们并不朝着一个固定的方向飞行，它们会多方尝试，向上、向下、向光、背光，若不通则立刻改变方向，虽然免不了多次碰壁，但它们最终会飞向瓶颈，并顺着瓶口飞出。它们用自己的不懈努力改变了命运。

人类也是同样,你动起来的时候,可能碰壁,可能失败,但是数次的探索之后,总会找到一条适合自己的路。行动是一个敢于改变自我、拯救自我的标志,是一个人能力有多大的证明。美国著名成功学大师马克·杰弗逊说:"一次行动足以显示一个人的弱点和优点是什么,能够及时提醒此人找到人生的突破口。"毫无疑问,那些成大事者都是勤于行动和巧妙行动的大师。

你的行动力有多强决定你的竞争力有多大

成功不是想出来的，也不是说出来的，而是做出来的，是在行动中才能产生的。一切方法、意愿只有在行动中才能发挥指导和辅助的作用，没有行动，一切都是幻想罢了。分析和准备本身都不是目的，我们的目的是要实现自己的人生目标，千万不可本末倒置，一味准备，迟迟不展开追求目标的实际行动。

说到致富，也不必只提比尔·盖茨与李嘉诚们，就是在我们身边，也有许多比我们会赚钱的人。他们也许并不比你有智慧，也不比你有能力，可是他们已经取得了初步的成功，可以算是一个上了轨道的“1”了，而你却还是空空的“0”。这里面的原因是什么呢？

假如你具备了知识、技巧、能力、良好的态度与成功的方法，懂得比任何人都多，但是你还有可能不会成功。因为你必须行动，一百个知识不如一个行动。

一位商界成功人士说：“我从小到大都不是一个品学兼优的孩子，但我从不因此就放弃自己，凡是遇到困难、挫折，我就告诉自己，要乐观点，明天就会好的。我认为什么事情都应该尝试一下，无论如何先做做看，这样，成功的概率就会大得多。”

行动的结果是获得更大的热忱。历史一再证明，在热忱的驱使之下，你的人生会更伟大。当你热忱地起床，热忱地吃早餐后，你在这美好的一天里

将会大有作为。

一天只是人生的一小部分,但是你只要有许多美好的日子,你就有一个美好的生命。这也会使你的家人和朋友获益,因为热忱比感冒更容易传染。你一旦怀着热忱去行动,你的竞争力就会大幅提升。

汤姆·霍普金斯是全世界单年内销售最多房屋的地产业务员,平均每天卖一幢房子,至今仍是吉尼斯世界纪录的保持者。

同时,他也是当今世界第一名推销训练大师,接受过其训练的学生在全球超过500万人。

当他的事业迎来辉煌的时候,很多人企盼得到他的成功秘诀。

一次,有一个人问汤姆·霍普金斯:“请问您成功的秘诀到底是什么?”

他说:“马上行动!”

“当您遇到困难的时候,请问您都是如何处理的?”

他说:“马上行动!”

“当您遇到挫折的时候,您要如何克服?”

他说:“马上行动!”

“在未来当您遇到瓶颈的时候,您要如何突破?”

他说:“马上行动!”

“假如您要分享您的成功秘诀给全世界每一个人,那您要告诉他们什么?”

他说:“马上行动!”

一个人不懂得马上行动,光是制订策略,却不见行动,是很难有所作为的。

这个世界上,观众已太多,我们需要更多演员,更多实际参与、推动、实行、贡献和开创的人。

莫耶士就读于北德州州立大学时,硬着头皮写信给总统候选人詹森,自愿加入助选团,为詹森争取德州选票。莫耶士勇敢跨出这一步,使他成为公众人物。在极短的时间内，成了美国总统的新闻秘书，然后当上某电视新闻网的评论员，成为也许是美国有史以来最有影响力的广播人。莫耶士多年来始终拥有展现才华的机会，这一切皆起始于一封自我推荐信，即他主动跨出的第一步。

在现代社会，成功不仅需要行动，而且需要快速行动。行动慢，等于没有行动。你只有快速行动，立刻去做，比你的竞争对手更早一步做到，你才有成功的机会。

有两位学生同时报考某教授的博士生，可是教授只招一位学生，于是教授就给他们出了一道题目，两位学生同时做完了题目。过程一样精彩，结果也一样正确，难分伯仲。教授思考了一下，选择了其中一个。

另一个很不服气地问教授："为什么没有选择我？"教授指着题目开始做的时间说："题目是我上周五下午布置的，他是上周五下午四点开始做的，你是周一开始做的。我之所以选择从周五下午四点开始的他，是因为我认为一个立刻开始行动的人更具竞争力。"

成功与不成功之间的距离，并不如大多数人想象的是一道巨大的鸿沟，它们的差别只在一些小小的动作：走路的步子再快一点、多打一个电话、多做一次尝试。我们要记住："现在"就是行动的时候。行动可以改变一个人的态度，因为凡事都不去行动，就不会知道自己的智慧和能力。而采取了行动，你的潜能就会随着行动发挥作用，辅助你由消极转为积极，让你在每天的行动中都享受到成就带来的满足。

任何生意都是踏踏实实做出来的

穷人看富人，容易看到他们戴花的荣耀，少见他们种树的艰辛。其实富人的崛起，也来自他们艰辛的付出，既要付出智慧，也要付出汗水。成功的捷径一直就在我们身边，那就是勤于积累，脚踏实地，想投机取巧是不行的。

在致富的道路上,富人是先行一步的人,穷人作为后来者,一定要向富人学习,这是毋庸置疑的。我们要解决的问题是:穷人要向富人学习什么?

有些人意识不到富人的头脑、眼光、胆识和做事态度才是他们致富的武器,他们所看见的,只有富人的派头,富人的生活。他们以为做生意就是从银行获得融资,开一个装潢得富丽堂皇的店铺,坐等顾客上门。日常事务,有服务员,有会计,自己只坐在办公室里指挥一下就行了。

由于这种风气的熏陶,穷人误以为做生意的门槛很高,问题多多。什么没有开店的本钱没法做生意啦,什么找不到可以便宜进货的批发商、雇用推销员没有什么利润啦……都是一些以为做生意就是要一步到位的错误观念。

其实那些真正具备商业头脑的人,并不挑剔时间、场地,他们自己给自己搭建起平台,随时展开自己的商业计划。

培德刚到公司不久,就认识了安多里尼太太。安多里尼太太是公司的清洁工，一个四十多岁、已经发福的女人，手脚勤快，嘴巴也像抹了油似的整天说个不停，逢人就搭讪，好在培德并不见她来烦自己。

一天，同事们一起聊天，一位同事突然感叹道："我们连安多里尼太太都不如啊！"见培德诧异，她又说："你猜她每个月能赚多少钱？"

一个清洁工，薪水再高能高哪去？培德心想。同事伸出四根指头。培德点点头："4000美元呀，是挺厉害的。""什么4000美元？是4万美元！她每个月至少可以赚4万美元！"

"不会吧？"培德惊讶得眼珠子差点掉下来。

"她自己跟我说的。安多里尼太太还说，做清洁工只是一个平台。我觉得她完全可以做一个CEO了！"

同事告诉培德，安多里尼太太借着到公司做清洁工的机会，打听公司里谁需要找钟点工，谁需要租房子，然后就当起了中介，收取中介费。安多里尼太太还自己买了一套房子，并以一万美元的月租费把这套房子租给了一个韩国公司的总裁。"那个总裁是韩国人，听说不会说英文。都不知道安多里尼太太是怎么说服他租她的房子，还那么高的房租。"同事感叹着，"我们学过了西班牙语、德语，但有时候还和别人沟通不好！"

安多里尼太太借清洁工这个平台延伸出的另一项业务是卖保险。公司的一个同事，就跟她买了好几万美元的保险。安多里尼太太虽然仅仅是一名清洁工，但是她整合资源的能力比任何一家公司的CEO都不差——她能够非常敏锐地发现利润的来源、寻找适当的客户、选择合理的沟通方法以及适时地转变经营项目。

我们要做生意，完全可以从背包袱、挨户推销开始。不必要店面，不必要办公室。有点资本，买辆平板车就行了，从这个起点开始，培养自己的商人本性，那么未来的大商人、大赢家就是你。

今天我们需要抬起头才能看到的那些大富豪们，并非一开始就是自己王国里的主宰。华人首富李嘉诚就曾经长时间做过穿行于大街小巷推销商品的推销员,"金利来"的老板曾宪梓创业之初也曾不辞辛劳地出入大小商店,为推销自己生产的领带向人赔尽笑脸,也尝尽了别人的冷眼。多大的生意都是"做"出来的,没有当初的拼搏,就没有后来的辉煌。

1992 年,未来的"汇源"老板朱新礼接手一家将要倒闭的小罐头厂,开始了创业之路。

第一批浓缩果汁生产出来时,因为买不起更多的机票,朱新礼只身一人背着山东的煎饼去德国参加国际食品博览会。他请不起翻译,就请留学在国外的孩子义务帮忙;吃西餐太贵,靠自带的干粮充饥。一个人忙里忙外,硬是靠优质的产品和他的全部真诚,先后在德国慕尼黑和瑞士洛桑签下一批业务:3000 吨苹果汁,合约额五百多万美元。朱新礼由此掘得第一桶金。

初尝胜果,他却又出奇招。1994 年 9 月,他率二十多人来到北京顺义区安营扎寨。他知道,北京是人才、信息、交通、市场都相对发达的地方。万事开头难,要干一番大事业就要先从难开始! 二十多个人的一支队伍,既是生产工人,又是营销人员,晚上生产,白天送货,根本分不出哪个是总裁,哪个是普通员工。

朱新礼爱事业到了痴迷的程度,是个典型的工作狂。在北京总部办公时,他有一次竟然从办公室的落地玻璃门穿破而过。玻璃碎了,幸好人没事。在工厂,大白天走路只顾着和同事谈工作,一不小心竟掉进了一米多深的下水道,因为心中装的事太多了。

现实生活中,人人都有梦想,都渴望成功,都想找到一条成功的捷径。事实上,真正的捷径就在我们身边,那就是勤于积累,脚踏实地,想投机取巧是不行的。

财富要靠人创造,金钱不会从天上掉下来。没有什么东西是唾手可得的,除非它本身并无价值。富人们的发家史,也凝聚着他们的汗水,他们也曾经一贫如洗，也曾经吃过苦，受过罪，然而他们最终崛起！

“做”即行动，这是成功人生的起点，因为成功来自于身体力行。相反，无论你有多么美好的目标，多么缜密的计划，如果你不行动起来，成功之门永远不会自动开启。

第七章

0.6 独辟蹊径：换一条路或许你会走得更快

富人求新求变的个性，是他们获取财富的必备武器之一。所谓创新，并不仅仅是设计出一件新产品或新的服务项目、一种经商的新窍门或者对传统方法的更新，它还是指用一种不同的方法表达自己的思想，用一种新方式处理老问题，用自己的创造性和竞争力去获取财富。生活是创意的源泉，创新在于平日的坚持与积累，把一件事情往深了想，往细了做，成功的机会往往就会在不经意间涌现出来。

自我的改变和突破是最大的创新

人一出生就具有独立性和依赖性的双重个性，如果让依赖性占了主导地位，就容易重复一种因循守旧的生活模式。从这个意义上说，创新不仅仅代表着一个新方法或一种新产品。人是创新的根源，培养创新的个性，然后才有创新的成果。

提到创新，我们首先想到的是一种新方法或一件新产品，但这还不是创新的全部。对于那些急需完成从无到有、从贫穷到富足的突破的穷人来说，是否拥有注重创新的观念和勇于创新的个性至为关键。换句话说，就是在创新的过程中，人，才是根源。

从本质而言，人一出生就具有独立性和依赖性的双重个性，如果让依赖性占了主导地位，就容易重复一种因循守旧的生活模式：他们只看同一类的杂志或电影；从不改变自己的服装样式；拒绝听取不同的意见；总是躲在同一群朋友中间；不玩从未玩过的游戏；见到陌生人就举止失措；与异性谈话会突然脸红；勉强维持不美满的婚姻；死死守住自己牢骚满腹的工作。他们不是没有改变的能力，而是没有改变的意识。

如果你毫无自信，优柔寡断，丧失远大志向，不敢超越环境和自我，那么你的生活就可能一直黯淡无光。生活中美好的事物历来只和敢于正视现实、迎接挑战、战胜危机的人结伴同行。如果一个人不想断送自己的一生，那么就应该有所作为，有所突破，在征服困难的同时实现自己的价值。

5年前，李先生在一家台资企业做事。他们的老板不但是个在多国拥有众多公司的大企业家，同时还是个教授，是学者型商人，既有很好的经济头脑，又有很高的学术成就。李先生就是冲着这一点，进了他的公司。由于李先生勤奋肯干，老板很快就提拔他做了部门经理，专管家具的销售。他也一直做得没什么差错。

有一次，公司进了一套家具，标价是20万元。可不知为什么，放了4个月都没有一个人问过价。好不容易有一天，一位顾客一进来就看中了这套家具，问了价格后，就一直想压低点，问李先生，18万元卖不卖。李先生也很想把这套家具出手，可是老板只给了他1万元钱的浮动权限，偏偏那位顾客也固执，说18万元不行就不买了。僵持了好久，李先生想打电话找老板请示一下，可老板去国外出差了，手机也关了，他不敢擅自做主，这笔生意就这样黄了。

过了两天，老板回来，李先生汇报了这件事。老板有些不悦，他说：你没看到现在这套家具已经很难脱手了？你应该知道我的心思，既然4个月没人问，就说明这套家具已经没有什么买点了，应该越早脱手越好。别说18万元，就是17万元你也应该卖，不然，下次连16万元恐怕都没人要了。

李先生有些委屈地低着头，心想：我哪有那么大的胆子呀。看见他的样子，老板宽厚地笑笑，说："算了，先开车送我，我们一起去吃饭吧。"

他们上了车，李先生发动了车子，路上的车子很多还有雾，走得有些慢。过了十几分钟，雾越来越大，路况都看不太清了。老板倒不着急，他问李先生："在这样的大雾天气开车，你怎么样才能走得更安全？"李先生说，"只要跟着前面车子的尾灯，就没什么事。"老板沉默了一会，突然问，"如果你是头车，你该跟着谁的尾灯呢？"

李先生听了，心中一阵震动，是呀，如果自己是头车，又有谁会给自己

指路?

勤勤恳恳、埋头苦干的敬业精神很值得提倡,但必须注意效率,注意工作方法。有很多人表面上工作认真、兢兢业业,但忙忙碌碌一辈子也没干出多少成绩,这和他缺乏必要的开拓精神和创新精神有直接的关系。

有人形象地将商场比作战场,商业活动就是商战。既是战场,那么形势肯定瞬息万变,谁也不能准确地预测下一步将要发生什么。所以最终的胜利,应该属于那么善于摆脱依赖性,努力实现自己独立性的人。

能根据当前的形势和环境迅速作出判断,决定自己下一步行动的人,已经算是拥有创新思想的一流人才。而真正具备致富潜力的人,往往能够未雨绸缪,时势未变自己先变,永远立于不败之地。

保罗·高尔文是摩托罗拉公司的创始人和缔造者。成功后的高尔文,常有人向他讨教成功的秘诀,每当这时,高尔文总会讲起自己小时卖爆米花的故事。

高尔文出生在美国伊利诺伊州的一户平民家庭。十岁那年,高尔文在一个名叫哈佛的小镇上念书。哈佛镇当时是个铁路交叉点,火车一般都要停留在这儿加煤、加水,于是,许多孩子便趁机到火车上卖爆米花,一个个获利颇丰。

高尔文感到在车站上卖爆米花是个不错的买卖,于是,上课之余,他也加入了卖爆米花的行列。为了争夺顾客,孩子们常常会爆发一些“战事”。但每当“战火”烧到高尔文身边时,他总是能很快与对方和解,他常常告诫对方:“我们这样搞下去,谁也做不成生意了。”除了到火车上叫卖,高尔文还想了许多办法来增加销量。他搞了一个爆米花摊床,用车推到火车站或马路上叫卖。还往爆米花里掺入奶油和盐,使其味道更加可口。

1910 年,哈佛镇下了场大雪,几列满载乘客的火车被大雪封在了这里,高尔文就赶制了许多三明治拿到车上去卖。三明治做得并不太好,但饥饿的乘客们仍抢着购买。高尔文没有趁机敲竹杠。事后，高尔文一算账，惊喜地发现，公平的获利仍让他发了一笔小财。

夏天到来后，高尔文又搞了一种新产品。他设计了一个半月形的箱子，用吊带挎在肩上，在箱子中部的小空间里放上半加仑冰淇淋，箱边上刻出一些小洞，正好堆放蛋卷，然后拿到火车上去卖。这种新鲜的蛋卷冰淇淋很受欢迎，生意非常火暴。

在火车上做买卖很快成了一个大热门，不但镇上的孩子们纷纷加入竞争行列，而且铁路沿线其他村镇的孩子也纷纷仿效。高尔文隐隐感到这种混乱局面不会维持太久，便在赚了一笔钱后果断退出了竞争。不出所料，不久之后，车站就贴出通告，禁止一切人员在车站或火车上做买卖。

卖爆米花的经历，培养了保罗・高尔文对市场动态敏锐的把握能力，也成了他日后经营生涯中赖以制胜的法宝。在以后的岁月中，每当某些产品或销售进行不下去时，高尔文就会向他的同事们讲述这个“卖爆米花的故事”。

创新并不需要谁来指路，你就是自己的救世主。每一天都在变中求进，没有最好，只有更好，沿着这个台阶往上走，总有一天你会登顶。

富人求新求变的个性，是他们获取财富的必备武器之一。如果你还是穷人，如果你有志改变自己的生活状态，对“创新思维”一定要有个明确的认识。所谓创新，并不仅仅是设计出一件新产品或新的服务项目、一种经商的新窍门或者对传统方法的更新，它还是指用一种不同的方法表达自己的思想，用一种新方式处理老问题，用自己的创造性和竞争力去获取财富。

有创意的思路是财富的源头

现代人提倡 “智慧创业”、“思考致富”，以前我们总说思想是一笔宝贵的精神财富，其实在这个时代，思想不仅是精神财富，还是可以物化的有形的财富。 对于实力不足的穷人，如果能用好创意，常常会达到事半功倍的效果。

在过去的农业社会,力气是人们赖以生存的本钱,能吃能干的,就是人才。当我们进入市场经济、知识经济时代的时候,富人致富,靠的是他们的头脑。穷人和富人,首先是脑袋的距离,然后才是口袋的距离。

很多人做事,倾向于用他们的手,用他们的脚,用他们学过的专业技术,唯独不用他们的大脑。因为不善于思考,所以就不能做出改变,所以就踏不上致富的台阶。

思维是一切竞争的核心,因为它不仅会催生出创意,指导实施,更会在根本上决定成功。它是改变外界事物的原动力,如果你希望改变自己的状况,获得进步,那么首先要从改变思维开始。

在我们的头脑里往往有一个误区,以为在现代社会成名获利,都要以足够的物质基础为后盾。事实上,思路决定财富并不是一句空话,只要头脑灵活,感觉敏锐,就可以影响财富的流向。

日本冈山市有一栋非常漂亮、气派的 5 层钢筋水泥大楼。这栋大楼就是

条井正雄所拥有的冈山大饭店。然而，谁也没想到，条井当年身无分文却盖起了这栋大楼。

条井以前是一家银行的贷款股长，一直负责办理饭店、旅馆业贷款的工作。十年的工作，使他不知不觉成了一个对旅馆经营知识十分丰富的人，这时他心里自然也产生了经营旅馆的欲望。为了求得更完善的方案，他实地做过精密的调查，调查结果是来冈山市的旅客，有97%是为商务而来的。然后，他又在公路边站了三个月，调查汽车来往情况，发现每天汽车流动有900辆，每辆车约坐2.7人，然而当时，冈山市的旅馆却没有一家有像样的停车场设施。他想，将来新盖的饭店，必须具有商业风格，而且附设广阔的停车场，以此来吸引旅客。他又花费1年时间，制成几张十分阔气的饭店设计图纸和一份经营计划书。抱着试试看的心情到岗山市最大的建筑公司碰运气。一位主管看了他的设计后，问条井：

"你准备多少资金来盖这栋大楼？"

"我一分钱也没有，我想，先请你们帮我盖这栋大楼，至于建筑费等我开业之后，分期付给你们。"条井泰然自若地回答。

"你简直是在白日做梦，真是太天真啦，请你把这个设计图拿回去吧！"

"这几张图纸和计划书是我花了两年时间搞成的，我认为很完整。请你们详细研究，我以后再来讨教！"条井没有说更多的话，把设计图丢在那里，掉头就走。

半个月后，奇迹发生了，这个建筑公司约他去面谈。该公司的董事和经理济济一堂，从上午8点到下午4点，一个接一个地问话，各式各样的提问，那种场面真令人心惊肉跳。然而，难以令人相信的事终于发生了，建筑公司决定花两亿日元替这位身无分文的先生盖饭店。

一年后饭店落成了，条井成了老板。这就是创意所带来的巨大成功。

现代人提倡"智慧创业"、"思考致富"，以前我们总说思想是一笔宝贵的精神财富,其实在这个时代,思想不仅是精神财富,还是可以物化的有形的财富,很多时候是可以标价出售的。一个思想可能催生出一个产业,也可能让一种经营活动产生前所未有的变化。

创新的最高境界,是在自己的经济力量还十分弱小的情况下,发现财富,整合资源,完成从无到有的蜕变。美国大富豪洛克菲勒曾经说过:“即使把我的衣服脱光,再放到没有人烟的沙漠中,只要有一个商队经过,我又会变成百万富翁。”是的,富人最令人惊叹的素质,就是他们无比机敏的商业嗅觉。

长期以来,世界上各国人都喜爱在胸前别一枚徽章,这种癖好为27岁的里尔人马克·戴尔克鲁阿提供了生财的机会。

一年以来,原来对于小玩意儿生意一窍不通的马克在法国卖出了1000万枚各式徽章。他的公司是1991年5月在里尔市组建的,很快成为有11名雇员的欣欣向荣的企业。

他回顾道:“1991年2月,我正式失业,四处寻找工作,在一次专业性的展销会上,我遇到了一家大徽章公司的代表。我向他们提出愿意当他们的地区代理。得到的回答是一阵嘲笑。”

马克一点儿也没有丧气,他决定单枪匹马闯一闯。为了物色造价低廉的徽章制造商,他花费一番努力找到了一份中国台湾的徽章制造商的名单。他赶紧向这些厂家发了一份文件,向他们索要样品和价目表。

马克说:“所有的厂家都做出了回应,我挑了报价最贵的那一家,因为相信它的质量应是最好的。”

下一步便是招揽顾客。这也不难,在地区的报纸上登一条小广告就行了。一间仅14平方米的小房子便成了他们的办事处。马克向企业发出的招揽生意的广告如下:“本企业可以订做广告性的徽章,保证价格低廉。”

“一年之内,我招来了近千家客户,从街角的小店到柯达一类的大公司都来订购，博览会和地区性俱乐部也喜欢用徽章作为标志。客户在我的办公室门前排起了长队。"他只要把客户的名称和图案字体传给中国台湾的厂家，厂家就代为设计生产了。一枚徽章的成本寥寥，便宜的0.8法郎，贵的也不过3法郎。

后来马克的公司搬进了里尔市中心宽敞舒适的办公楼。马克明白：徽章热已近尾声，转产势在必行。他的公司今后将从事设计和生产广告性的工艺品。马克说："我的合作者给我寄来了成堆的极有趣的小玩物，我向顾客推荐，可以说一拍即合。"

那么马克的公司赚了多少钱呢？他自己说："赚了两三百万法郎。"

一个好的创富思路，本身无法标价，它实施后所创造的价值却是实实在在的。对于实力不足的穷人，如果能用好创意，常常会达到事半功倍的效果。

认识到创意思考的巨大能量之后，穷人们有必要立即行动起来，寻求能为自己带来财富的商机。这并不是障碍重重、难以入手的事儿，据心理学家验证，如果一个人对某件事念念不忘，那么他无论看到什么、听到什么都会与自己所思联系起来，然后他很快会摸清事情的来龙去脉，找到解决问题的突破口。同样，假如你对金钱保持热望，自己的一切生活积累都在为将来如何赚钱做准备，把自己日常接触到的赚钱信息都和当前的赚钱事业挂钩，那么成功最终将确凿无疑地属于你。

创新就是换一种思路做事

经验会使人陷在旧的思维模式的无形框框中，难以进行新的探索和尝试，因而也就难以产生新的设想。只有更新观念，换一个角度去看问题，才能想到别人想不到的主意，发现别人发现不了的财富。

随着社会的不断发展，市场日趋完善，现成的机会恐怕越来越少。因此，如今赚钱的高手不仅要努力寻找商机，更要去创造商机。世界正逐步进入知识经济的时代，财富的增加，更多地要依靠认识的更新、头脑的创意。

一般来说，我们考虑问题的时候，常会根据自己以往的经验来判断眼前的事物。是的，在大多数情况下，经验是可贵的，它会帮助我们，使我们对陌生的事物有个大体的认识。但是从另一方面说，经验在头脑里成了“一定之规”后，对于创新思考常常会起一种妨碍和束缚的作用。它会使人陷在旧的思维模式的无形框框中，难以进行新的探索和尝试，因而也就难以产生新的设想。一个长期习惯于按“一定之规”考虑问题，很少进行创新思考的人，久而久之，往往会把很多本来大不相同的问题，也因为它们之间的某些相似之处，而看成同一类问题，用相同的办法去解决。这样，自然就会白费精力。有一位心理学家说过：“只会使用锤子的人，总是把一切问题都看成钉子。”

人类在创造财富的过程中，没有现成的公式可以套用，我们要做的，是要拔去头脑中的“钉子”，换一个角度来解决问题。

匈牙利在20世纪40年代发明了圆珠笔，由于它易于书写和便于携带，所以一经问世便风行全球。这位匈牙利的发明家为此发了财。然而好景不长，这种圆珠笔使用一段时间就会出现漏油的毛病，弄脏了纸张及衣袋。因此，圆珠笔上市一两年后就出现了销售危机。

圆珠笔发明者及很多研究圆珠笔的人对于漏油问题都反复进行了深入的研究，大家都发现毛病出在书写时笔珠受到磨损，墨油就在磨损部位漏出来。很多人为此绞尽脑汁，却毫无发现，因为大家的注意力一直停留在笔珠的研究上，拼命在提高笔珠的耐磨性上做文章。当他们把笔珠的耐磨性改善后，笔珠与笔杆接触的耐磨问题冒出来了，而此问题一直没有得以解决。

在日本人中田藤三郎的眼中，圆珠笔是个很有发展前途的商品，假如能改进它的漏油问题，将会获得比匈牙利发明者更大的财富。于是他也对该难点进行研究。中田分析了圆珠笔的结构及出毛病的原因，也总结了许多人对改进漏油问题的失败经验，最后，他采取逆向思维，获得了防止圆珠笔漏油的方法。所以，中田一举占领了世界圆珠笔市场，获得了远比匈牙利的发明者更多的财富。

中田的做法其实很简单，他是在笔芯上做文章。他通过反复试验，统计当圆珠笔写到多少字后就漏油，在掌握这个数量的基础上，他着手把笔芯的装油量减少，减少到圆珠笔磨损要开始漏油时，芯子中的笔油已经用完了，这样，再也无油可漏了。笔芯的油用完了，可换支笔芯，圆珠笔可继续使用。就这样，中田没有被常人思考的框框套住，因此巧妙地解决了难题。

创新是人类社会进步的客观要求。而要摆脱和突破一种思维定势的束缚，常常都需要付出极大的努力。无论是在创新思考的开始，还是在其他某个环节上，当我们的创新思考活动遇到了障碍，陷入了某种困境，难以再继续下去的时候，往往都有必要认真检查一下：我们的头脑中是否有了某种思维定势在起束缚作用?我们是否被某种思维定势捆住了手脚?

无论是思考如何解决碰到的新问题,还是对已熟悉的问题寻求新的解决方案,一般都需要在多途径地探索、尝试的基础上,先提出多种新的设想,最后再筛选出最佳方案。时代的潮流滚滚向前,不断使社会产生许多新的需求,这就为成功提供了许多新的条件,在其中,善察者则胜。

1992 年,席殊首次向全国推出了积 6 年研习之功而得的“席殊 3S 习字教育体系”,向社会公众郑重承诺:“一生只需 60 个小时”就可以写一笔好字。这在许多人看来无异于“天方夜谭”。

经验告诉我们,要练字必须从楷书开始。常识还告诉我们,最实用的字体是行书,要想写好行书,必须先练习楷书。多少年来,这些常识不断被“神化”:只要练好楷书,然后将笔画连起来就成为行书。但是许多人依此练字却事倍功半,更有人一无所获。失败者往往归因于自己的天分不足、精力有限,却没人想一想:要学行书先学楷书这种常识是行之有效的吗?如果这一理论是正确的,为什么多数人依此行事却失败了?

席殊想到了这个问题。从自己的习字经验中,席殊领悟到:钢笔书法艺术作为一门艺术形式虽然已经确立,但钢笔书法仍太多地沿袭了毛笔书法内容,尤其是在习字方法上。毛笔书法的习字方法有它自己特定的形成背景:封建时代生活节奏缓慢,习字从楷书入手就成为必然;而现代社会生活节奏加快,必然要求书写速度加快。另外,现代社会人们习字只是为了写一手快捷流畅的字便于交流,并不是人人都想成为书法家,这就为行书的风行于世创造了广阔的市场。还有,楷书和行书有什么必然的联系吗?

“楷书写好了,只要将笔画连起来就成为行书”很可能是千百年来的一种误导:楷书要求横平竖直,行书则要圆润、顺畅,在实践上很难将两者调和起来,因此,广大习字者的失败也就成为必然。

有了这样的认识,席殊对习字方法做了方向性的改革。他提出:练字直接从行书入手！

实践证明，席殊成功了：他在全国建立了几十所习字专门学校，无数的习字者确实在席殊的指导下取得了很大的进步。盛名之下，他的财富也急剧增加，被公认为“习字产业”的“大亨”。这首先要归功于他有一颗“奔腾的心”。

那些建立了自己的财富王国的成功人士，从来不互相抄袭，从不重蹈他人的覆辙，因为他们都是标新立异、有创造精神的人，是先例的破坏者。在中国，很少有人是靠世袭继承致富的，中国的富人在之前大都是穷人，但他们能从穷人堆里跳出来，本身就是具有开拓性的证明，没有开拓就没有飞跃，就没有本质的提升。

“只有看到别人看不到的东西的人，才能做到别人做不到的事。”敏锐的思维方式为我们提供了这种本领，摆脱传统思维模式的束缚，深入地洞察每一个对象，就能在有限的空间、有限的资金条件下，成就一番事业。创新是一种美丽的奇迹，它能使一个人实现致富梦想，从而改变自己的一生。

拥有创新思想的秘诀

财富是“想”出来的。人不但要养成思考的好习惯，同时还要扩展思考的范围，开阔思路，扩展思维。循规蹈矩的心境里没有“杂草”，但循规蹈矩的心境也没有创造力。你想要有创造力，就必须照料好每一株“杂草”，把它们当做一株株有经济价值的新作物。

独辟蹊径，就是另外开辟一条道路，一条别人没有走过的属于自己的道路。一个人要想获得成功，就要积极思考，打破常规，走在别人前面。

创新是建立在对原有概念的怀疑基础上的，历史不止一次证明，当某些伟大的独立的思想家们怀疑现状的时候，进步也由此产生了。

这些先行者们从不循规蹈矩，他们试图从不同的角度来改变现状。斯蒂夫·乔布斯、乔治·伊斯特曼、伊撒克·梅里特·辛格分别打破了计算机、照相机和缝纫机不能供家庭使用的“定论”，从而在各自的领域开创了大众消费的历史。福瑞德·史密斯则打破了只能通过邮局才能邮寄东西的“定论”，他最终创建了联邦快递公司。

每一种文化、行业和机构都有自己看世界的方式。新的观念、好的主意常常来自冲破习惯的思想疆界，把目光投向新的领域。正如罗伯特·怀尔物所说：“任何人都能在商店里看时装，在博物馆里看历史。但是具有创造性的开拓者在五金店里看历史，在飞机场上看时装。”

世间万事万物都是相互联系的，人们掌握的知识也是多门类、多学科的，因此，面对一个思维对象，不能更不必局限于传统习惯，死守一个点。单兵作战毕竟力量太孤单了，假如拓展开去，到思维对象之外找个帮手，合力作战，不就使威力强大了吗？

世界摩托车销量中，每4辆就有1辆是“本田”产品，从这个数字里可以看出，“本田”的销售网是何等之大。不过，如此庞大的销售网都是从日本的自行车零售商店开始起步的。

1945年，第二次世界大战刚刚结束，本田宗一郎弄到500个日本军用的电台小引擎。他将这些小巧的引擎安到了自行车上，结果这种改装的自行车非常畅销，500辆很快就售完了。

本田由此发现了摩托车的潜在市场，成立了“本田技研工业株式会社”，决定开创摩托车事业。

一批批可以装在自行车上的“克泊”牌引擎生产出来了，可是，光靠当地的市场是容纳不了的。本田宗一郎面临着如何将产品推销出去的问题。

本田找到了新的合伙人，他叫藤泽武夫，过去是一位对销售业务自有一套的小承包商。

当本田与藤泽商量如何建立全国性的销售网时，藤泽建议说：“全日本现在约有200家摩托车经销店，他们都是我们这样的小制造商拼命巴结的对象，一向心高气傲。如果我们要插入其中，就得损失大部分的利益。”

“但同时，你不要忘记，全国还有55000家自行车零售商店。”藤泽接着说：“如果他们为我们经销‘克泊’，对他们来说，既扩大了业务的范围，增加了获利渠道，同时又有刺激自行车销售的好处，加上我们适当的让利，这块肥肉他们会吃的！”

本田一听，觉得是条妙计，便请藤洋立即去办。

于是,一封封信函像雪片般地飞向遍布全日本的自行车零售商店。信中表明了“克伯”引擎零售价 25 英镑,回扣 7 英镑给他们。

两个星期后,13000 家自行车商店作出了积极的反应,藤泽就这样巧妙地为“本田技研工业株式会社”建立了独特的销售网。

本田产品从此开始进军全日本。

财富是“想”出来的。人不但要养成思考的好习惯,同时还要扩展思考的范围,开阔思路,扩展思维,这样才会更好、更大限度地获取有益的信息。

在漫长的人生路上,多数人就像在磨道里拉磨一样,永无休止地在这个环形道上走着,走完一圈再走下一圈,无休止地重复、无休止地走动,直到生命的最后一刻。也有一些聪明人,他们不甘于在这种环形路上重复走下去,他们另外开辟了一条路子。他们走出了圈外,于是他们看到了大千世界的更多的别人没看到的事物,得到了别人没有得到的东西。相比之下,他们的见识超过了常人,他的财富超过了常人,他便成了成功者。这就是再找一条路子的好处。

当某个人在新开辟的路上走向成功之后,人们便认为这是一条成功之路。所以很多人都挤向这条路,由于人多的缘故,此路便形成堵塞现象。这时候,聪明人总是能够再找一条路子,由于这条路是新开辟的,多数人还不认识这条路,所以畅通无阻,因此聪明人又先一步到达了成功的终点。等多数人再到达期望的终点时,成功的果实已被摘走。

第二次世界大战爆发前,鲍洛奇还只是一个默默无闻的小职员。但随着战争的爆发,鲍洛奇却迎来了事业发展的机遇。

战争给普通人的生产和生活带来的影响是十分巨大的。由于市场衰落,运输行业陷于停顿,生活用品的供应十分紧缺,在一些地方,新鲜蔬菜也很难买到。有一天,鲍洛奇听说有些日本侨民在花园里生产古老的东方蔬菜豆芽,作为一个敏感的商人,他对此产生了极大的兴趣。他来到这群神奇的东方人中间，仔细观察他们怎样发豆芽。

鲍洛奇像哥伦布发现了新大陆一样，高兴得手舞足蹈，手上的生意也不做了，连夜赶回杜鲁茨，找到他的伙伴贝沙，兴奋地告诉他自己的“伟大发现”，并宣称这一“发现”将带来数不尽的财富。贝沙对此并不理解，认为鲍洛奇有些异想天开。鲍洛奇耐心地告诉贝沙他对豆芽菜的看法：现在正值战争期间，食品供应紧张，新鲜蔬菜的运输尤其困难，豆芽菜的生产不受地点和气候的影响，又很有营养，成本也不高，是最理想的替代品；况且，美国人最喜欢猎奇，具有悠久历史的东方食品豆芽菜本身就极富神秘色彩，再加上广告宣传的影响，肯定会引起人们的兴趣。如果豆芽菜的生产做开了，还可以在口味和原料上加以变化，形成一个系列，甚至还可以推出一个东方食品家族来。一般人是想不到这点的，所以还应该在这上面动脑筋，会收到意想不到的好效果。鲍洛奇说服了贝沙，开始做豆芽生意。他从这个“伟大的发现”开始，按照自己的设想一步一步走下去，竟然真的成了“东方食品大王”。

要想成功，必须独辟蹊径，另找一条路子。不能随波逐流，要摆脱跟随的习惯。

要做到这一点，其实并不是十分困难，有志于创造财富的人，完全可以从日常生活开始，有意识地培养和训练自己的创新思维。

经常表达自己的想法。如果你有了想法，不管是什么样的想法，你都应当表达出来。如果是独自一人，你就对自己表达一番；如果你身处群体之中，不妨告诉其他人，共同进行探讨。

一个人一生中的大多数想法，都被无意识地自我审查所否决。这种无意识地自我审查机制将一切离奇的想法都当做“杂草”，巴不得尽快地加以根除。

循规蹈矩的心境里没有“杂草”，但循规蹈矩的心境也没有创造力。你想要有创造力,就必须照料好每一株“杂草”,把它们当做一株株有经济价值的新作物。

你要把不寻常的离奇想法说出来,把它们从头脑当中解放出来。一旦它们进入到交流领域之中,便能够免受无意识领域中自我审查机制的摧残。这样做,使你有机会更仔细、更充分地去审视、探索和品味,去发现它们真正的使用价值。

独辟蹊径的创意也有软着陆的方式

产品需要创新，这一经营观念早已被广大经营者普遍接受。但是，“服务也需要创新”的观念直到现在仍没有被普遍关注。对于刚开始创业的穷人来说，想顾客之所想，做到无微不至，就是一种最简单、最容易入手的致富创举。

狭义的创新，往往把创新和特定的产品联系在一起，你创造了什么，改进了什么，是看得见摸得着的。这里面最容易被人们忽视的一点是，优异的硬件，必须与优异的软件相匹配，用在经营上，就是创新的服务，比创新的产品更能深入人心。

举个例子说，一个小本经营的饭店，亲切的家庭气氛也是它的特色之一。客人一到，老板亲自出面接待，临走结账时总是说：“还是朋友价，零头去掉，凑个整数，这次就 80 元吧！”反映到账面上，这个零头不过是几元钱，但来客心里都觉得甜滋滋的，同时又觉得过意不去。好像占了老板的便宜。下次再聚到一起吃饭时，大家都不约而同地想到这家饭馆。从而使新顾客成为回头客，老顾客经常光临。服务上的独到之处，功效绝对不亚于新颖的、好口味的菜品。

“人无我有，人有我新”，这话在生意场上永远不会过时。在今天，几乎每一个行业都几近饱和，大家都要生存，这里面必定就有人做得好，有人做

得差。对于刚开始创业的穷人来说,想顾客之所想,做到无微不至,就是一种最简单、最容易入手的致富创举。

明治初期,木屐店鹿岛屋是东京最大、销售量最多的木屐店。老板鹿岛是以 15 元钱资金做起的,何以他能如此发达呢?

原因就在鹿岛别出心裁,肯做下列的事情。

1.他没有挂起招牌,也没有行号,只在一块大木板上画了一只木屐。

2.店面贴了一张东京市地形详图,旁边写着:“东京市的街道,如何走法?如果不清楚,请进来,我们会告诉您。”

3.我们所做的木屐品质最好,最耐用,足可以走遍东京市内一千次。

4.店中提供顾客放置行李服务,免费替顾客保管行李。

5.备有杂志、火车时刻表、报纸,供顾客自由阅览。

6.备有火柴、纸、铅笔等,任顾客自由使用。

7.只要一赚钱,就立即装置电话机,供顾客任意使用。

鹿岛的做法虽然简单,但由于其中渗透了为顾客服务到底的精神,所以自然会产生很好的效果。

产品需要创新,这一经营观念早已被广大经营者普遍接受。但是,“服务也需要创新”的观念直到现在仍没有被普遍关注。具体表现在一些公司推出一项服务举措后,便不思创新,死抱这项服务举措不放,长时间不变。这是不妥的。

随着社会经济的发展和人们消费水平的不断提高,顾客对商品质量和售后服务的要求也越来越高。他们除了要求厂商不断提高产品质量和产品技术含量外,还要求厂商不断创新服务水平,不断推出新、特、奇的服务举措来满足他们对服务的求新、求异的需求。在这种情况下,商家如果死抱一两项服务举措“从一而终”,那显然是不明智的。

日本人坪内寿夫曾经被称为“电影皇帝”,其实他的高明之处只有一点,就是让别人感到他可以给别人更多的利益。

当时，坪内寿夫刚刚从苏联西伯利亚的日军战俘营里被释放出来，早已饿得精瘦，很想发一笔大财。可日本不是遍地黄金，而是遍地是要吃饭的人。没有更好的事情可干，只得跟着父亲经营一家很小的电影院。可是观众都没有心思看电影，上座率很低，他们一家人的生计都很难维持。

怎样让观众来看电影，这是坪内寿夫天天都在反复思考的问题。他终于想出了一个好办法：一场电影放两部片子。

一般的情况是一场电影放一部片子，现在坪内寿夫的电影院放两部片子，观众觉得占了便宜，就连本来不想看电影的人都来看了。不长的时间，坪内寿夫的电影院就赚了一笔很可观的收入。

随着日本经济的不断好转，文化事业也百废俱兴。坪内寿夫对这一趋势发生了很大的兴趣，决定在此方面大干一番，他拿出了自己的全部资产修建了一座电影大厦。他的这座电影大厦有四个放射状的影厅，可以同时放不同的四部电影，影厅里用红、绿、橙、蓝四种颜色来区别。四个影厅只有一个入口，只有一个放映室。这样不仅减少了雇员，还给不同兴趣的观众提供了选择不同影片的机会。

为了吸引更多的观众，他在电影院还专门开设了咖啡店、冷饮店、快餐店等，并且在这座电影大厦里还有美观整洁的卫生设施。在当时的日本，这样的电影院是绝无仅有的，有不少观众不是为了看电影，而是为了来参观和欣赏这座电影院的设施和服务。

只经过5年的奋斗，坪内寿夫成了当地赫赫有名的“电影皇帝”。

商家要想自己的商品永葆魅力，要想自己的公司在竞争中永远立于不败之地，除了要不停地提高商品质量外，还必须树立“服务创新”意识，为顾客提供更舒适、更全面的享受，为自己带来更多的客源与财源。

在服务上的创新，不需要多么高深的知识和缜密的推断，细心和耐心是

我们成功的法宝。我们做事情是按照我们对事物的理解去做的，因此如何认识所要做的事是一个关键问题。一个思维缜密、周到的人，会从一件小事，一个细节扩展到其他方方面面，在不经意间就能把事情做得很周全、很完备。把一件事情往深了想，往细了做，成功的机会往往就会在不经意间涌现出来。世间其他的事情如此，赚钱自然也一样。

能通过实践检验的创意才是真正的创新

经商需要创意，但是这个创意必须与时代的潮流和人们的现实需求相结合，否则它就没有根基。检验一个人思路是否完美，必须要注重它实施后的效果，能够为你带来财富的思路，才是最好的思路。

有创新意识的人，常被人称为思想的先行者。在创造财富的领域里，我们同样需要新的创意，但这里面有个前提是：不管什么样的创新思想，都要为最终的结果服务。换句话说，就是能够为你带来财富的思路，才是最好的思路，否则，充其量只是一场精巧的思维游戏罢了。

在现代化社会里，人们有更充裕的金钱追求物质享受；也正是因为如此，工商业界也需要更多勇于创新的人，来创造更多更加新奇的能够赚钱的东西。例如，怎样使沙发坐起来更舒服呢？怎样使衣服穿起来更舒适，更好看？怎样使吃的东西美味可口？……等待创新的东西太多，也正因为如此，创新才能与财富紧密地联系起来。

日本“综合经营企业”的总裁中田修是赫赫有名的企业家，他总结自己从“资金零点”发展成功的经验时说：“我庆幸自己与别人比有独创性构想，做别人看不到的事和人家不能做的事，才发展成功的。”

中田修先生早在他当黑市小贩时，就养成了对人们需求进行仔细观察的习惯。

中田修发现公司职员时常为午餐伤脑筋,买盒饭既不方便又是冷的,快食店又人山人海乱哄哄的。于是他就想:"若开一家专卖热盒饭的食堂,生意一定兴隆。"但又考虑到租金和铺面装修必然会提高盒饭的成本,他萌发了以流动摊点为主的构想。另外,为保证顾客来源,中田修还想了一些新点子。例如,为年轻力壮的男职员提供高热量的菜单,为中年开始发胖的职员提供低热量的菜单,为女性职员提供低热量并且分量少的菜单;另外,还将一张年龄与所需热量的对照表附在盒内,爱美的女性和担心自己体重的中年人因此成为他的常客。

市场上有某种需求,能看出来的人肯定为数不少,但是只有具备创新思维的人,才能将这种需求细化,创造出人人都喜欢的个性产品。

商界流行着这样一种说法:"萝卜白菜,各有所爱。"即使同一种商品,有的人爱不释手,有的人则嗤之以鼻。不同的人,有不同的需要和爱好。经营的心理策略,首先要考虑到消费者心理活动的特点和差异。

一般而论,一个事物对人的刺激,初始感受强烈,反复刺激就会增强耐受力,而最终感觉麻木。俗话说"物唯求新",大多数消费者总是喜欢新的消费品,追求新的款式、新的质量、新的情趣。

如果你还为找不到创新的门径而发愁,经济学家总结5个要点,可能对我们会有所帮助。

1.推翻"what"——开发新产品的常识。P&G公司不仅开发了合成洗衣粉,而且开发了纸尿布,使公司的利润一下子增长了20%多;米其林公司在推出寿命较长的辐射型轮胎后,占据了美国轮胎市场的11%的份额。

2.推翻"towhom"——服务对象的常识。电子记事本是面向商业公司用户的,这是常识。然而,当一家日本公司开发出一种具备通信和画图像功能的电子记事本上市时,却取得了小学生和女孩子们的欢心。

3.推翻"where"——销售场所的常识。北京有一家叫羊坊涮肉的饭馆,远在城乡结合部，但这种经济方式正好满足了汽车普及时代消费者的追求。电子商务成为全球化经济的重要支柱概念，亚马孙书店的成功注解了这一点。网络进一步打破了地点对经济的限制，“未来的办公室和商店在你的口袋里”，这是诺基亚提出的口号。

4.推翻“when”——时间的常识。以城市地区为中心，24 小时营业的廉价商店、书店及服装专卖店等打破时间常识的零售店风行一时。讲究时间差，成为未来经济的制胜点。

5.推翻“how”——经营方法的常识。日本的一家小酒店不仅让顾客把饮料带到该店的二楼去喝，而且还在那儿设立了自由的大众俱乐部。来这里的客人既能在一层买到自己爱喝的酒，还能在二楼进行娱乐。

从以上的创新要点我们可以看出，经商需要创意，但是这个创意必须与时代的潮流和人们的现实需求相结合，否则它就没有根基。致富需要创新，但不能完全依赖于创新。有一些人，以为自己充满了创意细胞，凭着这一点，在商场便可以无往而不胜。这绝对是一个美丽的误会。在生意场上，点子犹如一把双刃剑，它的正面，也许能促使你在生意场上光芒四射，飞黄腾达；而它的负面，则不但不能助你在商道中开辟出一条光明大道，相反，只能使你握剑的双手鲜血直流。为什么这样，道理很简单：点子不等于生意。点子产生于人脑中，主观性较强；而商道则存在于现实中，客观性较强。这样，它们之间不免会产生矛盾。

创新的另一种意义就是对既定说法的否定和重新选择。例如：有必要改变既定路线，就必须对自己先前的计划说“不”；他人的要求或期待，对自己的成功进程有妨碍，我们就要对他们说“不”；为了享受更大的好运道，也许对目前的良机或成功的指标说“不”。总之，没有否定，就不会有选择，就不能踏上与众不同的成功之旅。

创意，如果能够纳入商业元素或增强商业元素，便与财富一拍即合。否则，生意人便挡之门外，不会多看一眼。

【第八章】

0.7

财富理念：正确的观念和思路是最大的财富

成功学大师拿破仑·希尔说："一切的成就，一切的财富，都始于一个意念。"如果一个人决心要摆脱贫穷，那么富裕肯定不会远。人生的成败，其实是一系列选择的结果。富人是忠于现实、始终对自己的未来持有梦想的人，因此他能踏实地走好自己的每一步。

放低姿态,才能看到更多的机遇

穷人因为穷怕了,总是希望一竿子下去,立即打下红彤彤的枣来,在通往财富的道路上,他们所缺乏的不是资金,而是态度。我们要记住:唯有埋头,才能出头。抛开身份的顾虑,踏踏实实地做事,成功就在前面等你。

人是社会的动物,不管你是否承认,凡有人的地方就要讲等级、分层次。

社会上不少人有这种思想障碍,千金小姐不愿意与保姆同桌吃饭,博士不愿意当基层业务员,高级主管不愿意主动去找下级职员,知识分子不愿意去做体力工作……他们给自己画地为牢、故步自封,白白损失了无数的大好机会。

其实这种"身段"只会让路越走越窄。并不是说有"身段"的人就不能有得意的人生,但在非常时刻,如果还放不下身份,那么就会使自己无路可走。

20世纪70年代初,美国麦当劳总公司看好台湾市场,准备正式进军台湾。他们需要在当地先培训一批高级干部,于是公开招考甄选。因为要求的标准颇高,很多有志的青年企业家都未通过。

终于,经过一再挑选,一位叫韩定国的公司经理脱颖而出。轮到最后一轮面试,麦当劳总裁与韩定国夫妇谈了三次,而且问了他一个出人意料的问题:"如果我们要你去洗厕所,你会愿意吗?"

当时，韩定国在企业界已经小有名气，要他洗厕所，岂不太侮辱人了吗？他还在深思时，一旁的韩太太幽默地回答："我们家的厕所一向都是他洗的！"

麦当劳总裁一听非常高兴，当场拍板录取了韩定国。麦当劳总裁认为一个成功的企业家不仅要能干大事，而且小事也应干得很利索。

韩定国后来才知道，麦当劳训练员工的第一课题就是从洗厕所开始，因为服务业的基本理念是"非以役人，乃役于人"，只有先从卑微的工作开始做起，才有可能了解"以客为尊"的道理。

本来，洗厕所只是麦当劳正常的员工培训，不分种族肤色，在世界范围内通行。中国的大男人韩定国一开始却难以接受，那是把它严重化了，上升到"折辱"的境地。其实，吃喝拉撒睡是人的本能，做些清洁善后工作也是应尽的责任，一个人的层次，并不是由做不做这些小事来界定的。

穷人要成功，要赚钱，首先要从清理思想、改变观念开始。如果本是穷人还要"穷摆谱"，那么机会是不会主动光顾他的。而能放下身段的人，他的思考富有高度的弹性，不会有刻板的观念，而能吸收各种信息，形成一个庞大而多样的信息库，这将是他的本钱。

在有钱人的眼里，职业没有高低贵贱之分，能否赚钱才是最主要的。正因为如此，中国的温州人才四处闯荡，占据了本地人不屑一顾的那些领域，不声不响地富了起来。他们追求自主、自立，人人都想当老板，且敢冒当老板的风险。他们不论干什么，生活中总充满乐趣，而且敢于开创、善于开创，洒脱、顽强，从不失望。

改革开放后，中国的角角落落都活跃着一群群浪迹天涯、不辞劳苦、精明肯干的温州人。最初他们并不起眼，人们只是从修鞋、小发廊、小商贩中认识他们的。而他们除了江南人瘦小的灵秀外，总是默默地干活、做生意，他们与其他地方的民工、商贩没有什么两样。但是，慢慢地，温州发廊、温州服装店、

温州电子城、温州产品越来越多,各种温州产品包装、标牌、证书、徽章也越来越多。一时间,温州货充斥全国。渐渐地,人们对温州人由漠视到兴趣十足,到惊奇钦羡,到仔细探究:温州人咋的啦?这么多人,这么会赚钱!

他们做生意,注重从小处着手。也非常能吃苦,意志非常坚韧,用他们自己通俗的说法是既能当老板,又能睡地板。他们务实苦干,只要有一分钱赚就会不遗余力地去干,从不好高骛远,从不好大喜功。即使是生意已经铺得比较大,温州商人仍会像初创时期一样拼命工作。那些看起来没什么钱赚的小生意,他们也不会嫌弃,往往是几分钱的螺丝螺帽、几角钱的小元件,他们都会认真对待,把小生意当做事业来筹划。他们敢闯,但不乱闯。在积累财富的过程中,他们非常耐心,一步一个脚印,不妄想一夜成为富翁。一旦看准某项业务,就会扎下根来,踏踏实实地赚钱。

从零做起,一步一个脚印,踏踏实实、一丝不苟,这是温州人创业的共同特点,而不像有些地方的人大钱赚不来,小钱不愿赚,只好两手空空,一味抱怨天不助我。

生意场上的事,看大而未必大,似小而未必小,小窟窿里能挖出大螃蟹,穷乡僻壤也能开出大市场。有人说得好:怕的不是"小",而是不去找。如果仅仅是不会找,通过学习还可以解决,但如果不去找,不愿去找,就恐怕是好高骛远在作怪了。越想赚大钱,一开始越要将自己放在低处。没有身份顾虑的人,在做小事的过程中,往往可以看到别人看不到的机会。

"先做小事,先赚小钱"最大的好处是可以在低风险的情况之下积累工作经验,同时也可以借此了解自己的能力。当你做小事得心应手时,就可以做大一点的事。赚小钱既然没问题,那么赚大钱就不会太难。何况小钱赚久了,也可累积成"大钱"。

此外,"先做小事,先赚小钱"还可培养自己踏实的做事态度和金钱观念,这对日后"做大事,赚大钱"以及一生都有莫大的助益。

双赢法则是成功者秉承的原则

富人能创富，在于他们能着眼于长远，在对待盟友和竞争对手时善于处理好眼前利益和长远利益的关系，不四面出击，而是广交朋友，周密考虑，谨慎从事。不吃“全鱼”，不仅是经商之道，更是一种睿智的财富观。

在商人看来，人生犹如战场，但毕竟不是战场。战场上的敌对双方不消灭对方就会被对方消灭，而人生的赛场则并非如此。现代社会充满竞争，这种竞争是使社会进步的动力，而不是毁灭社会的武器。今天，所有竞争的结果不可能使一方成为自然和社会某一方面的统治者，而更多的则是消耗难以计数的人力和财力，最终谁也不可能成为赢家。

在商业社会，做生意总要有伙伴、有帮手、有朋友。你照顾了别人的利益，实际上也就是照顾了自己的利益。有经验的商人都知道，做生意当然要好好计算以使自己能获得最大的收益，但无论怎么算来算去，一定要算得对方也能赚钱，不能叫他亏本。算得他亏了本，下次他就不敢再同你打交道了，所以生意人绝对不能精明过了头。如果说商人的真理是赚钱，那么精明过了头，这个真理同样会变成荒谬。你到处叫人家吃亏，就会到处都是你的冤家；到处打碎别人的饭碗，最后必然会把自己的饭碗也打碎。所以如今一些成功的商人，为人都非常大度，在对待盟友时将眼前利益和长远利益的关

系处理得十分妥善。

张果喜，江西果喜实业集团公司董事长兼总经理。1979 年开始生产出口日本的佛龛，占据了日本大部分佛龛市场，并在加拿大、德国、韩国、泰国和中国香港等地开辟了经销处和办事处，产品共 5 大类 2000 余种，个人资产达数亿元。

张果喜在日本取得了一定的市场份额以后，就与日商建立了稳固的代理关系，全部佛龛产品都由日商代理经销。不久，新情况出现了，随着张果喜生产的佛龛在日本市场的畅销，一些颇具眼光的日本商人看到销售这种佛龛有利可图，为降低进货成本，一些销售商就想走捷径，绕过代理商直接从张果喜那里进货。

从眼前利益看，销售商的直接订货，减少了中间环节，厂方确实可以多得一些钱，捞到实惠。但从长远考虑，接受直接订货，就意味着将失去已花费了很大力气开辟的以往的销售渠道，甚至使以往的销售渠道背离自己，走到自己的对立面，这无疑得不偿失。

后来，日本代理商知道此事后，很受感动，增强了对张果喜的信任，对推销宣传方面下了不少工夫。向来不轻易买账的日本代理商这次果敢地打出了张果喜是“天下木雕第一家”的招牌，从而使张果喜的产品在日本市场越来越稳定。

人无远虑，必有近忧。张果喜清醒地看到，生产佛龛利润丰厚，除了他的果喜集团公司，韩国与中国台湾地区制作的产品也有相当的渗透力，更不用说在日本本土还有成千上万的同类中小企业了。如果照以前那样，单靠原有的销售网络和一两个合资的株式会社，与强大的竞争对手抗衡，只能处于劣势而被人家踩在脚底下。

权衡利弊，张果喜决定扩大“同盟军”，把一些原先的对立派拉到自己一边。张果喜为慎重起见，还与他的智囊团成员对此细细地做了分析研究，选择了分散在日本各地的有代表性的一些中小型企业。经过多方协调，于1991年成立了“日本佛龛经销协会”，专门经销果喜集团的漆器雕刻品。这种方式变消极竞争为积极合作，当年立竿见影，张果喜在日本佛龛市场的份额占到六成，取得了更大的市场主动权。

这就是张果喜的连横合纵，其真谛在于周密思考，权衡利弊，摆脱眼前利益和一己之利的束缚，开阔视野，与盟友和竞争对手共同发展，最终才能稳住阵地。

不吃“全鱼”，不仅是经商之道，更是一种睿智的财富观。有个大富豪曾经说过：财富如水，如果是一杯水，你可以独自享用；如果是一桶水，你可以存放在家里；但如果是一条河，你就要学会与人分享。不同的财富观决定不同的人生。

有些人错误地认为，财富有一定的限度，你有了，他就没有了。这是一种穷人的哲学而不是富人的作风。同样大的一块蛋糕，分得人越多，每个人分到口的就越少。由此，我们可能会去争抢食物。但是如果我们是在联手制作蛋糕，我们就不会为眼下分到的蛋糕的大小而感到不平了。因为我们知道，蛋糕还在不断地做大，你根本不必发愁将来的分配问题。而假如每个人都想独享利益，只能形成不计代价的过度竞争，结果大家都没有好日子过。

当嫉妒进入竞争领域的时候会变得极其有害，其危险之处是它使我们只想到自己好——不是通过搞好自己的生意，而是通过搞垮我们的对手。总是希望别人倒霉的人，在做生意上一定不是个有进取心的人，很难取得更大的成功。别人垮掉了，除了满足了你自己的自私欲望外，实际上你没有得到任何收益。在这种情况下，你应该这样警戒自己：你仅仅是个小生意人而已！你并没有足够的力量去改变整个市场的格局。生意人要想维持一定幅度的价格和市场占有率，和竞争对手搏杀不是明智之举，反而应联合在一

起,在价格、范围等方面达成一定的默契,才能共享其利,共存共荣。

双赢理念的目的是为了在人与人的关联中赢得更好的结果,它不逃避现实,也不拒绝竞争,而是以理智的态度求得共同的利益。现代社会的发展已使人们意识到独占欲望的结果是一无所有,得到的只是比以前更坏的境遇。而双赢则可能改变这种境况:使双方从对抗到合作,从无序到有序,从短暂的存在到永久的矗立。

时间是人类最大的财富

在现实生活中，富人很乐意在能提高效率的任何事情上花钱，买到了效率，就等于买到了时间。钱可以再赚，商品可以再造，可是时间是不能重复的。因此，时间远比商品和金钱宝贵。

"记住，时间就是金钱。假如说，一个每天能挣10个先令的人，玩了半天，或躺在沙发上消磨了半天，他以为他在娱乐上仅仅花了6个便士而已。不对！他还失掉了他本可以挣得的5个先令……记住，金钱就其本性来说，绝不是不能"生殖"的。钱能生钱，而且它的子孙还会有更多的子孙……谁杀死一头生仔的猪，那就是消灭了它的一切后裔，以致它的子孙万代，如果谁毁掉了5先令的钱，那就是毁掉了它所能产生的一切，也就是说，毁掉了一座英镑之山。"

这是美国著名的思想家本杰明·富兰克林的一段名言，它通俗而又直接地阐释了这样一个道理：时间既不能逆转，也不能贮存，是一种不能再生的特殊资源，因此，一切节约归根到底都是时间的节约。一个人想创造财富而不珍惜时间，一切只是空谈。

时间对任何人、任何事都是毫不留情的，从这点上说，时间是专制的。时间可以毫无顾忌地被浪费，也可以被有效地利用。我们所说的效率，便是指有效地利用时间。也可以说，效率就是单位时间的利用价值。人的生命是有限时间的积累。

我们每天都面临着许多事情,它们或多或少都要占用我们一些时间。但总的来说,我们的时间可分为可支配时间和不可支配时间。对于前者,我们可以根据具体的情况来安排和调整,但对于后者,我们却无能为力。比如一些你不得不应付的事情,由不得你来决定和安排,这种时间是不可管理的,你所能做的只能是应对。对于可支配时间,就可以根据情况来调整分配,充分利用。对于商人而言,善于识别和安排可支配时间是非常重要的。

20 世纪 80 年代中期,我国深圳蛇口提出“时间就是金钱”的口号。事实上,“时间就是金钱”这种说法在我国早已存在了,我国唐朝学者李肇的《国史补》一书中讲了这样一个故事:

在崎岖不平的山间小道上,一辆载着瓦瓮的驮车打滑不前,使得后面几十辆货车受阻。这些货车必须在半小时内赶到前方一座小镇,否则,一笔生意就要“泡汤”。因此,大家都十分着急。这时,货主刘颇上前问:“车上的瓦瓮共值多少钱?”答道:“8000 元。”刘颇略加思索,便叫随从给瓦瓮主如数付了款,然后和众人一起,将瓦瓮全部推下了山崖,使几十辆货车得以顺利通过。

刘颇摔瓮的故事给人们这样的启示:做生意必须有强烈的时间观念,必须懂得时间就是金钱,时间从多方面显示出其价值。

时间远不只是商品和金钱,时间是生活,是生命。所以,商人们很乐意花钱在能提高效率的任何事情上,买到了效率,就等于买到了时间。钱可以再赚,商品可以再造,可是时间是不能重复的。因此,时间远比商品和金钱宝贵。

在生活中,穷人不光要对金钱锱铢必较,对时间也要拿出只争朝夕的精神来。而实际上,我们往往是对金钱看得过紧,对时间却过于放松。

富人的时间可以和效益直接挂钩,相比之下,穷人的生活就缺少这种节奏和变化,穷人的日子明天和今天差不多,后天又和明天差不多,从来没有什么重大问题等着他们去处理，也没有什么十万火急的合约等着他们去签。这样一来，时光就漫长得很，穷人缺的是银子，多的是日子。不知你注意到没有，在经济发达的地区，人们的步伐普遍要比经济相对落后地区的人快，在纽约、香港等地的闹市区，人们永远来去匆匆，而在一些小城镇，大家却往往举止懒散，一幅来日方长的样子。

在时间问题上，穷人比富人的节奏慢还只是其一，更严重的是穷人对时间重要性认识不足。拿生活最常见的彩票问题来说，穷人和富人对它的看法决然不同。调查发现，玩彩票与一个人的净资产水平之间有明显的反比例关系。对这件事，穷人的见解是拿钱买个希望，反正一周不过几元钱，也不会伤筋动骨。富人所见，就不仅仅是钱的问题了，他们更重视的是时间的投入。买彩票应该把排队的时间、交通的时间都算进去，假如花 10 分钟买一张彩票，一周只买一次，一年也要花去 500 多分钟了，折合 9 个小时左右。这实际上就等于每年花 500 分钟的时间去干一项听起来要赢一罐黄金，但实际可能性接近于零的活动。富人的作风是务实的，既然对自己赚钱的实力毫无疑问，他们肯定不愿意每周都耗费一定的心力和时间，而换来的仅仅是一种憧憬。他们完全可以拿这 9 小时去做一些更有益的事，比如，工作、学习新技术、与家人和朋友聚会。

在现代的经济社会中，生活一反四平八稳、平安无事的古老格局，呈现出快节奏、多变化的特点。每个人都在增加力量，提高速度，加快发展，这就是当今社会的格调，要在竞争中立于不败之地，就不能慢条斯理，而必须珍惜时间、快速出击，使竞争的对手防不胜防，难以应付。然而在这个数字化的世界里，“快鱼吃慢鱼”是最基本的生存原则，贻误战机通常就会导致自己在市场里被扫地出门。为了保证不被别人以速度战胜自己，穷人必须在时间观念上向富人看齐，让自己真正紧张起来，在有限的时间内，创造出最大限度的价值。

拥有正确的观念是成功的先决条件

> 富人是忠于现实、始终对自己的未来持有梦想的人，他知道自己从什么地方来，应该到什么地方去。因此他能踏实地走好自己的每一步，不会因为偶尔的挫折去怀疑自己的能力，无论在什么样的境遇下，都能调动一切的聪明才智去解决问题。

一个人有什么样的思想认识，然后才有什么样的行动，穷人能不能致富，首先取决于他在内心把自己定位在什么层次。别人看你是穷人，这还不算什么，因为他们只是拿最普遍的外在标准衡量你，而这一切都不是不可改变的。如果你自己先对环境失望，然后再对未来失望，最终就会逐渐向命运缴械投降了。

对于穷人，最可怕的还不是一无所有。你可以没有资金，没有技术，没有广泛的社会关系的支持，只要你还没有放弃改变现状的努力，明天就还在你手里。但是如果在你内心深处已认可了自己“穷人”的定位，破罐子破摔，那么单靠外在力量是解救不了你的。

有一份不起眼的工作，有一点微薄的收入，勉强度日，这是某些穷人生活的真实写照。

很多穷人因为自弃而失去了再学习的机会，失去了被提升的机会，失去了挣钱的机会，最终也就失去了走出穷人部落的机会。

在美国，有一家袜店，老板雇佣了两个伙计。他们干同样的工作，吃一样的饭，当然有一样多的收入。一个伙计卖袜子时无精打采，把袜子往顾客脸前一放，愿买就买，不买就算，这倒是清静，他的嘴巴也懒得张口，顾客不问，他不会主动去说。而另一个伙计则是眼睛里放着光芒，话语里含着激情。对每一位来到面前的顾客都敬之如宾，他会从一个个货架上拉下一只只盒子，把里面的袜子展现在顾客的面前，让他们鉴赏，嘴里还忙说："我想让您看看这些袜子有多美，多漂亮，真是好看极了！"他的脸上洋溢着庄严和神圣的狂喜，他的工作做到了完美，也让顾客买了袜子，就这样天天如此，把这种热心和激情付诸于收入不多的工作。后来，这位雇工成了英国著名的短袜大王，而那一位雇工因懈怠工作而遭到老板的解雇，不知流落何方。

面对自己收入微薄的工作，有很多人失去了激情，几乎处于一种自暴自弃的状态。怀着这种心理去混工作，去混生活，去混人生的人，毕生也无法得到财富的青睐。

与之完全相反的是，富人对自己的未来充满信心，所以他们有一个好的心态和好的习惯去踏踏实实地做事情。不会因为偶尔的挫折去怀疑自己的能力，无论在什么样的境遇下，都能调动一切的聪明才智去解决问题。

富人们知道，成功是一种心态。你可以把它叫做一种富人的心态、成功的观念，或者是感到自己一定会发达起来的意识。我们看见的成功，其实是一种成功心态的外在表现，是一种针对特殊的人生目标而建立起来的指导思想的结果。

郭广昌出生在浙江省东阳县的一个贫苦的农民家庭。人杰地灵的东阳，在经济上还是比较落后的。像大多数的农家父母一样，郭广昌的父母也希望自己的儿子早日跳出"农门"，因此父母让他报考师范专科学校。报师专一方面可以减轻家里的负担，另一方面也可以跳出"农门"。

拿到师专的录取通知书后，郭广昌心里有说不出的难受。自己一心想

离开家乡到外面去闯世界，如果读了师专势必会在家乡当一名乡村教师，自己的大学梦可能就再也圆不了了。郭广昌翻来覆去想了一个晚上，最后决定放弃上师专。他靠自己的坚持改变了命运。高中三年，靠着每星期回家背几斤米和一罐梅干菜，他熬了过来，并考上了复旦大学哲学系。

在大学期间，郭广昌做了两件至今仍然觉得最得意的事情：第一件是1987年暑假，他一个人骑自行车沿大运河考察到了北京；第二件是在1988年暑假，他组织了十几个同学搞了个“黄金海岸3000里”的活动，骑车沿海考察，到了海南。这两件事无疑帮助他在一定程度上了解了社会、认识了自己，更直接的结果是使他毕业时被留在了校团委。

1992年，趁邓小平南巡的经济热潮，郭广昌决定辞职，自己去闯荡一番事业。他以3.8万元的资金，成立了广信咨询公司——这是复星的前身，替一些公司做调查起家，什么七七八八的小商品、小生意都尝试过。

十多年后的今天，郭广昌身为上海复星集团董事长，以362.3亿元人民币的资产，名列2007年福布斯中国富豪榜第三位。

人生的成败，其实是一系列选择的结果。富人是忠于现实、始终对自己的未来持有梦想的人，因此他能踏实地走好自己的每一步。他知道自己从什么地方来，应该到什么地方去。从不会在人生旅途上迷失自我。

别人夺不走的真正的财富，就深藏在你的内心之中。我们必须在物质生活变得富裕之前，让思想先富起来；在获得生活的成功之前，必须先拥有成功的观念。

要达到这一点，最基本的一条就是，让你的潜意识获得一种对成功相当透彻的理解能力，让成功在潜意识中扎根。必须相信自己会获得成功，相信幸运之神将会眷顾自己，满怀热情地为自己的理想而奋斗。

做熟悉的行业，熟能生巧也能生财

尽管社会生活中的各行各业是紧密地联系在一起的，但是每个行业之间存在着许多你看得见与看不见的隔阂和区别，每个行业都有其自身的经营之道。所以，做生意要尽可能选择自己比较熟悉的行业，而不要盲目地跳入你感觉上混沌一片的“海域”。

穷人创业，应当受到鼓励，但我们必须明白，每个人能力都有限，那种看到什么热点都想尝试一下的做法肯定行不通。有很多年轻气盛的商人，对自己眼热的行当，不是朝三暮四，弃旧从新，就是吃着碗里的，又瞅着锅里的，什么好做，就往自己的店里揽什么，旧的也不去，新的不断来，规模越来越大，自己的特色却没有了。这就叫做四路出击，主线不明。这恐怕是某些小有成就的商人的通病。他们好高骛远，总认为自己是生意场老手了，没有什么生意不能做，没有什么生意做不成功的。

有句俗话说，“隔行如隔山”。尽管社会生活中的各行各业是紧密地联系在一起的，但是每个行业之间存在着许多你看得见与看不见的隔阂和区别，每个行业都有其自身的经营之道。所以，无论你是久经商场，还是初出茅庐，如果你这次创业要涉足一个你自己并不熟悉的领域，一定要慎之又慎，绝对不能盲目从事。

认为自己是一个万能的生意人的想法，肯定是荒谬的，而且相当危险。你在这个位置上如鱼得水，换一个地方，就很有可能放不开手脚。创造财富事业也一样，不要轻易去尝试你一无所知的或者无法施展能力的行业，在自己熟悉的领域里和自己有充分把握的行业中寻找赚钱的途径，常常有事半功倍的效果。

香港风险投资公司汇亚集团董事兼常务副总裁王干芝说："王传福是我见到少有的非常 Focus 的人，他大学学的是电池，研究生学电池，工作做得还是电池。"可见，王传福对电池以及电池领域是再熟悉不过了，也正因为如此，王传福才取得了成功。

从不名一文的农家子弟到身价亿万的比亚迪事业公司总裁；从 26 岁的国家级高级工程师、副教授到饮誉全球的"电池大王"；从上马锂电池项目摧垮包括东芝、松下、索尼等巨头在内的电池业"日本军团"，到选择香港 H 股上市乃至力排众议入主秦川汽车实现"电动汽车之梦"，王传福在自己熟悉的领域可谓是大展拳脚，表现了"舍我其谁"的独到眼光和执著精神。

所以，做生意要尽可能选择自己比较熟悉的行业，而不要盲目地跳入你感觉上混沌一片的"海域"。选择你熟悉的行业，就能够拥有更多的信息，知道什么商品有市场、有前途，知道不同产品的优势及消费者的要求，知道市场的发展方向，就能够做出正确的判断与决策。这就叫做驾轻就熟，得心应手。

有志创业的人，如果本身具有某种专业知识和技能，或者对某个方面有较系统地了解和较丰富的经验，选择时无疑就多了一份资本和优势。应很好地利用自己的这一条件。

对刚开始创业的穷人来说，效用最明显的首推职业资源。所谓职业资源，即创业者在创业之前，为他人工作时所建立的各种资源，主要包括项目资源、技术资源、人际资源等。充分利用职业资源，从职业资源入手创业，符合创业活动“不熟不做”的原则。选择从职业资源入手进行创业，是许多人创业成功的捷径和法宝。如昆明的“云南汽车配件之王”何新源，在创办新晟源汽配公司之前，就在云南省供销社从事相同工作；有名的宝供物流，其创始人刘武原来也是广东省汕头供销社的一名“社员”，被单位派到广州火车站从事货物转运工作，后来承包转运站，再后来利用工作中建立的各种关系，通过为宝洁公司做物流配送商，一举成为国内物流业之翘楚。

为了更好地锻炼自己的能力，推销员的工作是一个很好的铺垫。一方面推销的工作如果能做好，可以获得一般工作岗位难以企及的高报酬，这可为你的创业积累资本；另一方面通过推销工作，你不但可以熟悉市场、正确判断投资方向，还可以直接掌握客户资源，如果决定投资你所推销的产品，更是手到擒来。还有，创业以后作为一个经营者，你不仅要向内（管理），更要向外，而你通过推销工作的历练，可以为此做好准备。

每个人的情况都不一样，如果你是个厨师，可以向饮食业发展；如果你是个医生，你可以出来开个诊所；如果你是搞科研的，你可以开发出一个有市场的新产品；如果你继承了一栋房屋，你可把它租出去，这样就可以不费心地有固定的收入，以后也可涉足房地产生意，以增加每月固定的收入。

总之，与你的职业、兴趣、爱好、家庭环境、社会环境相适应、相关联的生意容易起步，也容易成功。

获取财富需要时间,要有耐心等待

那种今朝有酒今朝醉的生活，表面看起来挺潇洒，但事实上他们的快乐往往不能维持多久。成功是要讲究储备的，仓库里的东西越充足，成功的机会就越大，也才可能走得更远。想求速达，就难以满足妄想与急切，就难以把事业做扎实。早熟便是小材，大器必然晚成。

穷人致富,不是可以一蹴而就的事情,这就要求我们在成功之前的黯淡时光里,要有坚持到底的信心和勇气。为了让自己不轻易动摇,我们必须要对“长久的快乐”和“暂时的快乐”有个清醒的认识。那种今朝有酒今朝醉的生活,表面看起来挺潇洒,但事实上他们的快乐往往不能维持多久。因为当他们感到精力疲惫,知识落伍,职业优势被更年轻的人替代的时候,他们才开始产生创业的理想,这时他们才发现自己一无所有。而那些平时看似没有他们洒脱的人此时却正坐在咖啡馆里细细品尝美味的咖啡。

我们等待成功,就像等待果实成熟,季节不到的时候再着急也没有用。

传说,有两个人与酒仙邂逅,一起获得了神仙传授的酿酒之法:米要端阳那天饱满起来的,水要冰雪初融时的高山流泉,把二者调和了,注入深幽无人处千年紫砂土铸成的陶瓮,再用初夏第一张看见朝阳的新荷覆紧,密闭七七四十九天,直到鸡叫三遍后方可启封。

就像每一个传说里的英雄一样，他们历尽千辛万苦，找齐了所有的材料，把梦想一起调和密封，然后潜心等待那个时刻。这是多么漫长的等待啊！

第四十九天到了，两人整夜都不能寐，等着鸡鸣的声音。远远地传来了第一声鸡鸣，过了很久，依稀响起了第二声。然而，该死的第三遍鸡鸣迟迟没有来。其中一个再也忍不住了，他打开了他的陶瓮，迫不及待地尝了一口，就惊呆了：天哪！像醋一样酸。大错已经铸成不可挽回，他失望地把它洒在了地上。

而另外一个，虽然也是按捺不住想要伸手，却还是咬着牙，坚持到了第三遍响亮的鸡鸣。舀出来一抿，大叫一声：多么甘甜清醇的酒啊！

只差那么一刻，"醋水"没有变成佳酿。许多富人，他们与穷人的区别，往往不是机遇或是更聪明的头脑，只在于前者多坚持了一刻——有时是一年，有时是一天，有时，仅仅是几分钟。

有人曾说，世上只有两种人，用一个简单的实验就可以把他们区分开来。假设给他们同样的一碗小麦，一种人会首先留下一部分用于播种，然后再考虑其他问题；而另一种人则不管三七二十一，把小麦全部磨成面，做成馒头吃掉。

我们每个人都想做一个成功的人，优秀的人，只不过在馒头的引诱下，我们失去了忍耐的性子。成功是要讲究储备的，仓库里的东西越充足，成功的机会就越大，也才可能走得更远。成功的路是那样的遥远与艰辛，口袋里的馒头固然可以令我们在启程以后跑得飞快，不过吃了眼前的，恐怕就没法指望下一顿了。馒头中的卡路里终究有一天会消耗殆尽，没有播种我们就没有支持，没有粮食的保证，我们将过早地凋谢。

有两位学法律的大学生，一个毕业以后就去了律师事务所工作，而另外一个则选择继续学习深造。他们毕业的时候，才 23 岁。转眼 10 年过去了，

那个参加工作的同学已经成了鼎鼎有名的大律师，而继续深造的另一个同学也结束了学习生涯，跨入了律师的行业。到他们都是 35 岁的时候，这位 33 岁才成为律师的同学已经和做了 12 年律师的另一位同学做得一样好，一样有名。可是到了 43 岁，也就是他们毕业 20 年，后者由于 10 年深造积累的知识不断地派上用场，生意越做越好；而前者却由于自己的知识所限，跟不上时代的潮流而日渐沉寂下来。

求财和求学，其实是一个道理。想求速达，就难以满足妄想与急切，就难以把事业做扎实。早熟便是小材，大器必然晚成。同样，财富在于积累，即使每日只进一个小钱，日积月累，坚持不懈，也是了不起的成就。是的，在我们这个世界上，一日暴富、一夜成名的事例也有，但毕竟这只是一个偶然，不具有普遍性。许多富人的成长之路其实无比的平淡，没有新闻，没有传奇，他们依靠自己兢兢业业的持久经营，同样成了财富的主人。

哲学家告诉我们，世间的任何一件事情，都有它的不二法门。不论什么时候，一切急功近利的思想与行为都是一种短视，都是非常有害的。财富也有它的不二法门，那就是：一定要目光长远，而不要只盯着眼前的一点点利益，要学会朝着目标不停顿地努力，这是谋财的唯一选择，也是最好的选择。实现你人生的最大价值，让进取心、理想和梦想变成伸手可及的现实，这才是人生最大的利益。

第九章

0.8 让钱生钱：学习理财知识，学会管理财富

人们投资理财的能力是在实践中长期锻炼的结果，并非一日之功，靠纯粹的理论更是解析不了瞬息万变的资本市场。所以我们的首要问题是更新观念，认识到理财的实质。有些穷人认为自己不了解市场，不懂股票、债券这些投资方式，“投资”这个词对于还在为基本生活挣扎的人显得还有些陌生和遥远。其实正确的观念是：我要靠投资理财变富，而不是变富之后再投资理财。

理财是每个人都应该学习的必修课

理财的观念并不像一些人所想的，只是投机、赚钱那么狭隘，人们生活消费、投资保险、退休、遗产分配无一不与理财观念有关。我们必须树立这样的观念：我要靠投资理财变富，而不是变富之后再投资理财。

身处21世纪,人们的基本收入在不断提高,消费项目却也越来越多了。除了最基本的赡养长辈、生育、教育子女、购房、购车外,像添购家居、全家旅游,以及希望退休后仍要拥有富足的银发人生等,不管是哪个阶段,哪一种生活要求,都必须要靠金钱来满足。做好理财,储备必要的经济能力,将是现代人必修的课题。换句话说,投资理财是每个个人和家庭的基本需求,如同衣、食、住、行一样重要。

理财的观念并不像一些人所想的,只是投机、赚钱那么狭隘,人们生活消费、投资保险、退休、遗产分配无一不与理财观念有关,因此,理财是一个人从生到死一辈子的事。理财的目的,是妥善运用钱财,在现有钱财的基础上赚取最大的财富,过最好的生活。

有些人收入不高,生活却有滋有味,并积蓄良多;有些人似乎收入颇丰,退休后却一文不名;有些人将钞票堆放在墙洞里随岁月一起腐烂;有些人暴富后却在赌桌上输得精光;有些人倾其毕生积蓄去买一只股票,结果赔得一塌糊涂。

理财观念和方法正确与否带来的差异又何止如此！不过，从现在开始，花点时间好好规划一下自己的财务，多数人是可以更好地改善自己的财务状况的。

理财首先是对自己生活方式的一种选择，在这一点上，澳大利亚年轻的股票经纪人斯科特·佩普的观点，相信可以给我们一些启示：

在我的朋友圈子中，人们比拼的是汽车。他们不是在意什么“速度与激情”，但是在所开车的车型上，无形中就有很多竞争。我现在是一名股票经纪人，单是这个名字就能让人浮想起一种颓废的生活方式。我的同事们都开着最新式的四驱奥迪，或者最高档的宝马，而我却驾驶着一辆 1987 年产的达特桑。

我的朋友们怀疑我的工作——这家伙不会是股票经纪公司里的清洁员吧？如果能挣那么多钱，为什么不去买一辆好车？我告诉他们，我只是在买辆好车和买其他东西之间做出选择罢了。别误会，我也很想开辆崭新锃亮的车四处转悠。当我翻到报纸的汽车版时，我也会很长时间一动不动地盯着看。只是它们不适合我。

问题不在于买车要花多少钱，而是因为我的优先顺序和他们不同。花 2 万英镑买辆车，每周待在里面的时间不超过 10 个小时，而且 3 年过后将贬值到 7000 英镑左右，你觉得有必要吗？我宁愿忍受着“死亡的达特桑”，用这些钱投资一栋房子。我分析，随着时间流逝，房子和股票的价值会只涨不跌。而且我待在房子中的时间要比在车里多得多。

不幸的是，我的很多朋友拥有了一辆会迅速贬值的靓车，却为之背上了一笔贷款。他们中大多数都到了要考虑买房的年龄，却发现自己还要从头开始。

人们的盲目消费，是对投资理财的一大障碍。为了使自己拥有一个安定的、美好的未来,我们必须明白什么才是目前最重要的。生活中有许多人就是因为缺乏理财技能的培训,以至于一辈子都为财务问题伤神。

有些穷人或许会以为理财是有钱人的事,自己的日常消费都捉襟见肘,哪有什么闲钱可理。其实这是一个彻彻底底的误会。这里面的因果关系是:你没钱,生活一塌糊涂,是因为你没有树立起正确的理财观念。要记住:我们要靠投资理财变富,而不是变富之后再投资理财。

理财并不是多么高不可攀的一个词儿,它的意义也不外是对自己财物或者财务的管理,大有大的作风,小有小的方法。我国著名的证券专家张昕帆曾经讲过这样一个故事:

在一次公开的理财知识演讲之后,一位中年妇女找到他,问道:"张先生,我在一家公司上班,每月只有 1500 元的收入。我已经离异三年了,自己带着女儿生活,像我这种情况也谈得上如何理财吗?"张昕帆问她:"你每月能不能存下 200 元钱?"那位女士想了想说:"这还是可以的。"张昕帆说:"你每月存 200 元钱,一年就是 2400 元,这已完全可以了啊!你可以拿这 2400 元去投资,只要你能坚持,若干年后成就是可以看得到的。"女士还在犹疑,她说:"我这一点点钱,拿到股市上去和人拼,我靠什么赢人家呢?"张昕帆说:"请记住,投资不是和敌人去斗,你是和企业一起成长!"听到这里,那位女士脸上的愁容一扫而空,她明白了自己的方向之后,立即充满了信心。

这时候我们应该明白,你到现在还没有理财的计划和行动,并不是因为客观条件不具备,归根结底还是自己认识的问题。理财的门槛既不高,也不是你想象中的惊涛骇浪,信心和坚持,在这里依然是制胜的法宝。有人用种稻谷的比喻来阐述理财方式:你投入那部分资金就是种子,从播种到丰收有一段距离,中间也有些不可测的因素,但是如果你不去种,将永远没有收成。

越是在贫困中的人,越应当通过正确的渠道去解决自己的财务问题。物业、债券、保险、古董,都可以是普通百姓的投资方向。如果暂时没有好项目，对于没有专业投资理财知识的人来说，与投资理财专家做朋友，可以在一定程度弥补自身不足。高收入群体的资金充裕，个人理财机构也会比较愿意做这群人的生意，但对于穷人来说，则存在一定的问题。由于普通老百姓的资金量相对较少，利润并不丰厚，不是所有的个人理财机构都愿意为普通老百姓提供个人理财服务，所以低收入群体对专业理财机构的利用多表现为一种间接关系。

投资基金类产品，就是对专家的间接利用。我们可以考虑更多地投资基金类产品，把资金交给机构投资者去投资管理，收取稳定的回报，市场上各种不同的基金很多，大家可以根据自身需要组合收益与风险。目前我们国家需要推动更多的这类机构投资者的出现，分布在各种不同投资领域，对于普通老百姓来说，也能有更多选择。

穷人切合实际的理财方式，代表着消费、储备、投资资金的正确比例与种子金钱的合理流向，预示着明天更好的收益。穷人致富，要靠智商，更要靠财商。

合理消费,节流等于开源

事实证明,一些毫无意义的盲目消费,是吞噬我们金钱的黑洞。想要省钱做大事,你应该有物超所值的观念,或最起码你要懂得什么叫物有所值。省下生活中不必要的开支,可以使我们的生活更为从容有序,对自己的财商也是一种初步的锻炼。

穷人要赚钱,要迅速缩短与富人的距离,应当最大限度地开发自己的能力去投资、理财、做生意,但如果你连自己的日常生活都安排得一塌糊涂,别的都将是奢谈了。所以省下生活中不必要的开支,不但可以使你活得更从容、更踏实,更是对你财商的一种锻炼。

如果你想积累财富,不外乎"找更高薪酬的职业"和"多省点钱"两条渠道。加拿大理财专家达希·珍认为节省下来的一元钱,绝对大于你赚进的一元钱。

高收入就一定意味着富有吗?达希·珍举了这样一个例子:一位部长助理级的官员虽有15万加元的年薪,但为了面子,在衣着、汽车、应酬、停车、保险、豪宅所花的钱实在太多,根本没有什么积蓄。后来这位部长助理想通了以后,他辞职另谋"低"就,过简单一点的生活,反而比以前存了更多的钱。

如果有足够的财力,当然应该选择"高质量"的生活,但对于目前收入水平还不高的穷人来说,消费层次更应当与收入水平相匹配。当你每个月都有一部分钱不知道花在哪里，有了要成为手无余财的“新贫族”的危机时，就应当认真检视你的收支，进行合理的规划。

有人说“处理家庭收入是个简单问题，有钱的时候就多花，没有钱的时候就少花一些。”我同意他的理论的确简单，但是这种做法，等于没有好好地处理一个人的收入。

预算开销是一个很好的办法，它将会告诉你，你可以删减哪样比较不重要的项目，去填补你想要做的大花费。

1.记录每一笔开销，对你的支出情形有清楚的了解

除非我们知道错在哪里，否则我们无法有任何改进。如果我们不知道在何处删减，为什么删减，以及删减什么，节约就是毫无意义的事。所以，我们应该在一段时期，记录下所有的家庭开销——例如，记录三个月。

我认识一对夫妻，当他们开始记录花销情形后，很惊讶地发现他们每个月要花很多钱用于买酒！然而，他们并不是酒鬼，只不过很欢迎朋友在兴致好的时候“到家里来喝一杯”——这种事情时常会发生。他们做了一个明智的决定，认为他们不能再开免费酒吧了，于是那些钱就得到了更好利用。

2.依照你家庭的特殊需要，设计出你自己的预算

首先，把你这一年里固定的开销列出来——房租、食品费用、水电费、保险金。然后计划你的其他必要开销——衣服、医药费、教育费、交通费，等等。

每个人都知道，这是件不容易的事情。拟定计划需要决定，有时候还需要严格的自制力。我们不能买下任何一件多余的东西，但是我们可以决定什么东西对我们最重要，而舍弃最不重要的东西。难道你愿意为买昂贵而并非必要的衣服，而放弃拥有一个舒适的家的努力吗？

3.至少要把每年收入的百分之十储蓄起来

规定你和你的家庭一个固定开销，至少要把10%的收入储蓄起来，或拿

去投资。

财务专家说,如果你能节省收入的10%,即使物价高昂,不到几年你就可以获得经济上的宽裕。

4.准备一笔应付意外或紧急用途的资金

大部分预算专家都劝告每一个年轻的家庭,至少要存下1~3个月的收入,用于紧急事件。谁知道明天会发生什么呢?

5.使预算计划成为全家人的事

预算计划必须得到全家人的合作。关于家庭预算的讨论,往往可以消除情绪上的不合,因为我们对金钱的态度,都会受到自己经验、气质和教育程度的影响。

有计划的,或是有预算开销,可以保证你和家人能够从你们的收入里得到公平的分享。预算并不是一件束缚行动的紧身衣,也不是毫无目的地把花掉的每一分钱都记录下来。预算是一张蓝图、一个经过计划的方法,用以帮助你把你的收入派上更大的用处。正确的预算方式,将会告诉你如何达成目标,你自己的家、小孩子的大学教育费用、养老金、你梦想中的假期。

有了合理的预算方案,我们要认真地执行它才会有好的效果。事实证明,一些毫无意义的盲目消费,是吞噬我们金钱的黑洞。想要省钱做大事,你应该有物超所值的观念,或最起码你要懂得什么叫物有所值。

吃得节俭些,少出去玩,喝便宜的酒,不买汽车,买地价低的房子……时刻意识到要减少开支并付诸行动的话,手头的钱一定会多起来的。

人们把这样做的人称为小气鬼。小气鬼在大多数情况下是贬义词,但是从“创造利润”这一目的来看,小气鬼的做法是最合理的。

在富人和那些准富人手里,钱首先是资本,他们总是力求把钱用在最有价值的地方,以产生最大化的经济效益。在事业上,他们可以有一掷千金的投资,在生活上却没有普通人想象中奢华。美国的股神巴菲特是全球排在前三名的富翁，不过他的生活却非常简单，在 2001 年之前，他甚至连美国以外的地区都没有去过。他的食物就由汉堡和可乐构成，年轻时他只喝百事可乐，直到他买了可口可乐的股票，成为它的大股东之后，他才改喝可口可乐。

无论在什么情况下，消费的时候都不能倾其所有。人类幸福的一大敌人就是贫穷，它会破坏人们的自由生活。节俭不仅是太平安逸的基础，而且是我们积累本钱、投资获利的起点。

不要把鸡蛋放到同一个篮子里

投资不能孤注一掷，找到一个稳妥的投资方式也就摸到了致富的门径。对于底子薄、经验少的穷人来说，“鸡蛋不放在一个篮子里”，可以在规避风险的同时，逐渐摸索出一条适合自己的投资之路。

人们在进行投资理财时,心里总有个美好的愿望,他们希望自己的钱,全部投在升值最快、涨幅最大的项目上。然而在现实中,投资总是有风险的,市场有其自己的规律,并不以某个人的意志为转移。对于穷人,本属于资本市场的后来者,经验少,底子薄,更不宜有这种“搏一把”的心态。“鸡蛋不放在一个篮子里”,讲的就是分散投资,规避风险。

不管哪项投资,收益总存在着波动性,有时情况好,而有时情况差。这样,如果你选择大部分的资产投入一种投资中,你可能因押对了宝而赢得极高的报酬,但你损失惨重与血本无归的可能性也不比它小。但是,你决定分散你的投资,你所投资的种类越多,你获利的可能性就越大。分散投资的基本原理就是在风险与报酬间做适度取舍。比如有一项投资组合包含了 10 种股票,每种股票的期望报酬率介于 10%~20%之间。若投资者愿意承受较大的风险时,那么,他可能将所有资金投入报酬率为 20%的股票上,此时他获取 20%报酬率的概率是很低的;但如果他分散投资,他将以较大的概率获取

15%的报酬率。如此便达到了降低风险的效果。这就如同将鸡蛋分散放在不同的篮子里一样，即使一个篮子打翻了，还可保有其余的蛋。

穷人投资，多是靠直觉和经验。这方面富人其实更理智，而且他们往往还有专业人员为其代理投资事宜，资金的分配将更为合理。

美国微软公司董事长比尔·盖茨向大众透露他的投资理念，他认为，虽然把宝押在一个地方可能会带来巨大的收益，但也会带来同样巨大的亏损。因此，不能把所有投资都放在一两家公司上，也不能相信那种只关注一个行业的投资公司。

盖茨看好新经济，但同时认为旧经济有它的亮点，也向旧经济的一些部门投资。本着这一理念，盖茨 1995 年就建立了名为"小瀑布"的投资公司。这家公司专为盖茨的投资理财服务，主要就是分散和管理盖茨在旧经济中的投资。根据已知情况，这家公司的投资组合共值 100 亿美元。

盖茨把这笔资金中的大部分投入债券市场，特别是购买国库券。当股价下跌时，由于资金从股市流入债券市场，故而债券价格往往表现为稳定上升，这时就可以部分抵消股价下跌所遭受的损失。另外，为了抵消新经济带来的风险，小瀑布公司也大量投资于旧经济中的一些企业，并以投资的"多样性"和"保守性"闻名。

从投资效果看，盖茨的组合投资技术已取得相当好的成绩。据称，盖茨收购的纽波特纽斯造船公司 7.8%的股票市值已上涨了一倍。

从回报时间来看，盖茨的投资不仅注重短期回报，也着眼长远。公用事业股虽然一般说来上涨较慢，但抗跌性很强，是较稳妥的投资对象。因此，公用事业也是盖茨投资方向之一。

在概括投资战略时，盖茨说："你应该有一个均衡的投资组合。投资者，哪怕是再大的超级富豪，都不应当把全部资本押在涨得已很高的科技股上。"

所有的鸡蛋都放在一个篮子里,有个风吹草动就会一起跌个稀里哗啦。我们没有盖茨那么多的钱,但可以借鉴一下他的思路。实际上,今天的理财工具已经可以为人们提供更多的“篮子”了:

1.储蓄。银行储蓄方便、灵活、安全,也比较稳定,是安全可靠又方便易办的一种大众化投资方式。它的最大弱势是收益较之其他投资渠道偏低。

2.股票。股票因为预期的高收益而成为最具诱惑力的投资方式。但股市风险的不可预测毕竟存在,高收益对应着高风险,投资股票对心理素质和逻辑思维判断能力的要求较高。

3.物业。购买房屋及土地等称为物业投资,物业投资已逐渐成为一种低风险、高升值的理财方式。购置物业可用于消费,也可在市场行情看涨时出售而获得高回报。一般而言,投资物业不受通货膨胀的影响,但是投资物业变现时间较长、交易手续多,办起来比较繁杂。

4.债券。投资债券利息较高,收益稳定,但债券存在良莠不齐的情况,公用事业债券市场风险较小,但数量少,购买难度大,而企业债券和可转换债券的安全性值得认真推敲,不可盲目投入。

5.炒汇。外汇投资可以作为一种储蓄的辅助投资。选择国际上较为坚挺的币种兑换后存入银行,也许可以获得较多的增值机会。

6.古董、珠宝、邮品。古代陶瓷、器皿、青铜铸具、名人真迹字画、邮票等,这些项目都是最具潜力的增值品。随着人们生活水平的提高,这些物品的保值作用增强,是投资的很好选择。

7.保险。随着保险业务的创新,现在许多保险险种兼具投资和保障双重功能,保险投资风险极低,对投资者的作用日益重要。

如果想真的分散投资,也不是那么容易的。因为有些人一开始真是会把资本投放到不同的市场上,但后来见炒股好赚,便跟风把全部钱调拨到股票市场;到了炒楼好赚时,便跟风把全部钱用在炒楼上。突然间发现股市、楼市有些不利消息，投资人士才恍然大悟，发觉自己大部分或全部资金被吞噬一空。很多金融风暴都是无先兆的，投资者往往会因为市场兴旺，而舍弃分散投资的策略。

分散投资也要注重时机。譬如你得到一大笔可供投资的资金，那么不要全额在同一时间点投入，而是分成数份，在不同的时间，分别投入。因为各投资市场的行情经常发生变化，且有时候很难掌握。因此，投资组合体里的各投资元素的投资时间应该岔开，而不应在同一时间全部投入。整个投资组合的投资应根据实际情况分几年完成，且要耐心缓慢地投入，以缓冲市场风险、经济环境风险。

当然，分散投资并不是风险消除器。最佳的投资组合也只能消除特异性风险（即不同企业、不同的投资工具所带来的风险），而不能消除经济环境方面的风险。

在实际投资当中，并不是投资种类越多越好。据经验统计，在投资组合里，投资增加一种，风险就减少一些，但随种数的增多，其降低风险的能力越来越低。当达到一定量时，减少风险的能力就很少了，这时为减少一点点风险而增加投资种类就可能得不偿失，因为随着种数增多，支付的精力和销售佣金等方面的费用都相应增加。所以，进行投资组合要把握一个“量”的问题。同时，投资组合并不是投资元素的任意堆积（如一些由高级债券所形成的投资组合的意义并不大），而应是各类风险投资的恰当组合，也就是说还要把握一个“质”的问题。你最理想的投资组合体的标准是收益与风险相匹配，使你在适合的风险下获得最大限度的收益。

具体操作时，建议对于资金量较多的客户而言，有必要将资产分散投资来规避风险，但对于资金不多的投资者而言，把鸡蛋放在过多的篮子里，收益可能不会达到最大化。由此可见，理财时要注意：“不要将鸡蛋放在一个篮子里，但也不要放在太多的篮子里。”

适合自己的投资方式才是最好的

> 如今家庭投资理财正呈前所未有的多样化发展的趋势。由于每种投资方式和保值形态具有多重性，而且，各人情况互不相同，所以各个家庭只有根据自身的实际情况去选择合适的投资方式，才能有益于家庭资财的保值和增值。

有调查证明,我国的低收入群体,目前选择最多的投资理财工具依然是储蓄。在安全和保障上,储蓄有着它不可替代的优势,但同时我们也应该看到,储蓄也是一种相对滞后的方式。当通货膨胀的速度大于银行的利率时,你就只能眼睁睁地看着自己的钱一点点被侵蚀。

实际上,许多穷人也清楚单一的储蓄是对自己理财能力的束缚,只是还没有勇气再前进一步,去尝试房产、基金、股票和黄金等其他的理财工具。所以我们的当务之急是培养自己正确的投资心态和适当的冒险精神。当然,我们并非鼓励盲目投资、无目的冒险,我们提倡的只是建立在一种稳定心态基础上的勇敢精神。未来虽然充满风险,不过有一点必须坚持的是,只要经济持续增长,企业获利的能力不断上升,你的冒险就更有可能获得相应回报,长期而言,整个资本市场的投资回报率必然会高于银行存款的利率,而且会高出许多。一再小心谨慎地回避值得一冒的风险,你将与致富彻底无缘。

在泰国，无人不知施利华，1998年泰国《民族报》把他评为“泰国十大杰出企业家”之首。他只是一家股票公司的老板，靠投资股票净赚了几个亿。这件事在泰国商界引起了轰动，人们称他为“投资大王”。很多人认为他会成为股票大王时，他却放弃了股票，转而投资房地产，并把所有的积蓄和银行贷款孤注一掷地投了进去。一时间，舆论哗然，他被很多人认为“犯下了投资大忌，必将破产”，被人称为“疯子”。施利华对此淡然一笑，只一心一意地经营自己认准的项目，也许是天意成全，他再次创造了奇迹，他投资的房地产生意在3年后给他带来了8亿美元的巨额利润。人们纷纷向他请教投资经验，他说：“我从不畏惧有风险的挑战，商场如战场，只有时时准备从零开始，才能保持着最佳状态。我相信奇迹，更相信自己。每一个投资者都应该相信自己，人云亦云者绝不会有大作为。”

当一个人能够控制恐惧感，他便能较容易地控制自己的思想和行为，他的自控能力能让他在纷乱的环境下处变不惊，并能无畏于后果的不确定性，而做该做的决定。当结果并不如其所愿时，他有充分的心理准备来承受失败的结果，而这种临危不乱的勇气与冒险精神，正是投资人所应具备的良好心理素质。

现在我们对于投资已经有了一个初步的认识：投资有风险，但是没有风险也就没有收益。接下来的问题是，我们在那些令人眼花缭乱的投资方式中如何做出自己的选择？

富人投资，要通过详尽的分析调查和缜密的论证，他们是在用自己的大脑赚钱；要让穷人身后也拥有一个由各类专业人士组成的智囊团那是不现实的，穷人只能竖起耳朵捕捉点儿信息，由自己的直觉和感情决定投资方向。

虽然穷人急于发财，依靠非专业的亲戚朋友所提供的理财建议依然不是成熟的选择，即使他们是善意的，而且并未夸大其词，也不可以全部采纳。

过去对他们行得通的投资，将来未必仍旧是好的投资。此外，你的财产是否与亲戚朋友的一样多？你们的年龄相仿吗？你们的目标是否类似？大概你都无法回答这些问题。你们可能从来没有讨论过这些问题。所以，对你朋友有利的理财规划策略未必就适合你。

如今家庭投资理财正呈前所未有的多样化发展的趋势。由于每种投资方式和保值形态具有多重性，而且，各人情况互不相同，所以各个家庭只有根据自身的实际情况去选择合适的投资方式，才能有益于家庭资财的保值和增值。因此，每个投资者在选择投资方式时，应综合考虑多种因素，慎作投资决策。

有的人在房地产市场里如鱼得水，但做股票却处处碰壁；有的人爱好集邮，上路很快，不长时间就小有成就，但对房地产却费了九牛二虎之力，仍找不到窍门。如果受过良好的高等教育，知识层面比较高，又从事比较专业的工作，你大可抓住网络时代的脉搏，在知识经济时代利用你的专才，运用网络工具进行理财。如果你是艺术方面的人才，你可充分发挥你的专长，在书画等艺术投资领域一展身手，这是一般外行人难以介入的领地。如果你是一名从事具体工作的普通职员，你也不必灰心，你完全可以从你熟悉的领域入手，寻找适合自身特点的投资工具。相信有一天，你也会成为某一方面的“理财高手”。如果你对股票比较精通，信息比较灵通，且有足够的时间去观察股票和外汇行情，不断地买进、卖出，你就可以将股票和外汇买卖作为投资重点，并可以考虑进行短线投资。如果你是一名职员，上班时间非常严格，又不喜欢天天盯在股市上，你就可以选择投资基金。

成功的投资人应该具备足够的理智、自信和耐心，战胜怕输的心理，从众的心理，那些近乎空手套白狼的致富方案，只能吸引一批对自己的判断能力没有信心的穷人。

创造财富是人人都想做的事情，同时也是一门学问，有钱人认为制定一个财富计划表对创造财富相当重要。创富者只能从实际出发，踏踏实实，充分发挥自己的知识，善于利用自我的智慧，这样，才有可能成为一个聪明的创富者。

一个让你成为有钱人的神奇公式

成功人士认为,投资是一个枯燥无味的计划,是一个通过机械操作而达到富裕的过程。只要耐得住性子,将资产投资在正确的投资标的上,不需要操作也不需要操心,复利自然会引领财富成长。

在所有关于财富的故事中,一夜暴富的新闻最具吸引力。某人中了大奖,某人忽然得了巨额的遗产,某人在偏远山区淘得一件价值连城的古董,都是大家茶余饭后津津乐道的话题。这样的故事也许是真实的,但它落到每个人头上的概率,大概与遭遇外星人差不多。把美好生活的希望建立在一个数亿分之一的奇迹上,最终也等不来撞到树桩上的兔子。而且,如果你对如何处理一大笔意外之财没有正确的打算,那么很快你将再度贫穷。

有一句歌词说:没有人可以随随便便成功。富人发家,都有一个辛苦经营的过程,即使他的第一桶金还可以有些传奇色彩,而使他们在风口浪尖上站住脚的,还是稳扎稳打的作风。

美国社会学家曾对全美各地数百个百万富翁的发财致富情况进行过专门调查,发现这些人具有两个共同点:一是工作勤奋。因为财富需要耐心和时间去慢慢积累,因此许多人辛苦了大半辈子,在五十岁左右才成为百万富翁。二是具备丰富的理财知识。他们选择的投资项目大都安全性大,获利高。他们口袋里的现金不多，但资产很多。他们把赚到的钱大多用于再投资，或者购买固定资产。有些富豪在走向致富之路时并不富有，但他们由于能合理地安排自己手中的资金，选准投资方向，因而成为富翁。

有一位著名的投资理财专家，多次提到一个创造亿万富翁的神奇公式。

假定一位身无分文的年轻人，从现在开始每年存下1.4万元，如此持续40年。如果他每年存下的钱都投资到股票和房地产上，并获得每年7%的投资收益率，那么40年以后，他能累积多少财富？

一般人猜的金额，多在200万元~800万元之间，最多的也不超过1000万。然而依照财务学计算复利的公式，正确的答案应该是1.0281亿元，一个众人不敢想象的数字。这个神奇的公式表明，一个25岁的上班族，如果依照这种方式投资，到65岁退休时，就能成为亿万富翁。

财富的增长与生命的成长一样，均是点点滴滴、日日月月、岁岁年年形成的，不可能一步登天而快速成长。这是自然的定律，上天从不改其自然法则。对投资而言，欲速则不达，“快”不一定好。

一个很重要的条件就是时间。如果对它没有正确的认识，自然会产生急躁的情绪，急躁就会冒极大的风险，原本是可以成功的，也会因急躁而失败。

多少投资人在一夜之间赚大钱，也在一夜之间破产，原因有很多，其失败原因却多半在于心存侥幸。任何一夜致富的投资机会，必定潜藏更高的一夜破产的风险。这就是为什么妄想一夜致富者，大多数的下场是血本无归或倾家荡产。

巴菲特能成为在全球排在前三名的大富翁，在于他对自己所投资公司的全方位的了解和调查，更在于目标选定之后的毫不动摇的坚持。穷人们缺的就是这种精神，很多人总是处于东张西望的寻找中，把那些来源都说不清的小道消息，当成了致富的秘诀。许多人以为，投资是一个充满戏剧性、

激动人心的过程,包含着风险、运气、时机和热点投资消息等诸多因素。但在成功人士的眼中,投资却不是这样的。他们认为,投资是一个枯燥无味的计划,是一个通过机械操作而达到富裕的过程。或者说,投资仅仅是一个由固定程序、策略和一系列能使人变富的措施组合而成的计划,这一切几乎能保证你成为富翁。投资就像按照食谱烤面包一样简单无味。想要致富,只要照计划或公式去做就行了。

既然投资和发财就像照食谱烤面包这样简单,那为什么有那么多人不愿意遵循投资程序呢?因为遵循一个简单的计划行事是一件单调而乏味的事情。人性是很容易对老做一件事感到厌倦无聊的,因此他们总要寻求刺激和有趣的事情来做。他们起先照计划去做,没过多久,就感到这种日子索然无味。于是他们抛开计划,寻找一种能迅速致富的魔法。这时候,他们很容易受市场变化和各种繁杂的"信息"的影响,听风就是雨,打一枪换一个地方,总也建不成自己的根据地。

能有耐心熬得过长期的等待,时间创造财富的能力就愈来愈明显,这就是"复利"的特点。然而,今天我们身处事事求快的"速食"文化之中,事事强调速度与效率,吃饭上快餐厅,寄信用特快专递,开车上高速公路,学习上速成班,人们也随之变得愈来愈急功近利,没有耐性,在投资理财上也显得急不可耐,想要立竿见影。但是,在其他事情上求快或许能有效率,唯有投资理财快不得。缺乏耐心与毅力,你就难以取得让人羡慕的成就。

越早进行理财，你就越容易成功

越早开始投资，利上滚利时间越长，时间充裕，所需投入的金额就越少，赚钱就越显得是一件轻松愉快的事。从另一方面说，趁年轻时先经过一些判断失败的磨练，到了有钱时，便更能发挥出准确投资的判断力。

时间是上天赋予我们每个人的宝贵财富，应该说世上没有一样东西在人们面前表现得像时间这样平等。在投资理财上，许多人抱着“船到桥头自然直”、得过且过的心态虚度年华，当他们发现别人的财富逐渐增长，终于感觉到理财的重要性时，再起步已嫌太晚。

很多年轻人认为自己青春年少，且目前的收入又不高，没有剩余资金从事投资，投资是中年人、老年人的事，因此年轻人流行的观念是：在年轻时尽情享乐，一旦有钱就购买高档家具、电器、跑车或出国旅游，怎么潇洒怎么玩。但这样做的结果，实在是在透支未来，财富只能与你擦肩而过了。

1973年的夏天，莎拉和琳达这两个大学室友毕业了。莎拉发现，她为获取文学学位而选修的陶器学，并没真正对她的职业发展有什么帮助。她选择了一份秘书工作，挣着微薄的薪水。琳达以法学优秀毕业生的身份毕业，在一个有名的法律事务所获得了一份高薪工作。莎拉担心自己永远走不到前面，因为她的薪水只有琳达的一半。她决定每年坚持留出2000英镑，投资

一家平均年收益率10%的管理基金。另一方面,琳达觉得过了多年拮据的学生生活,既然现在是一名高收入的律师,是该报答自己的时候了。她是一个“购物治疗”型女孩,挥霍完现金,就靠一张又一张的薪水支票度日。

10年过去了,到了1983年。这时琳达才感觉到,当了10年的购物狂,她没有留下任何有价值的东西。她决定每年拿出2000英镑,投资到与莎拉相同的那只基金中去。

到现在:莎拉和琳达都50出头,她们相遇并比较财产。在过去的20年里,琳达共投入40000英镑,现在增长到了125000英镑。莎拉投入的只有琳达的一半多,而且最近20年没有投入1分钱。她的账户余额为230000英镑,几乎是琳达的两倍。简言之,莎拉享受复利计息的时间比琳达要长。这个故事的残酷结论是,即使琳达每年继续投入2000英镑,她的存款也永远赶不上莎拉了。

穷人要致富,就要尽早投资,留出足够的时间去等待收益。只要耐得住性子,将资产投资在正确的投资标的上,复利自然会引领财富成长。相对而言,投资理财比创业要轻松些,只要方法正确,钱投资于股市、房地产,耐心等待十年、数十年,致富的成功率是非常高的。

早一天开始理财,便能早一天达到致富目标,从而使自己与家人能越早享受致富的成果。而且越早开始投资,利上滚利时间越长,时间充裕,所需投入的金额就越少,赚钱就越显得是一件轻松愉快的事。

一般而言,一个人在45岁以前,在投资方面不应采取“保守至上”的原则。正确的投资判断力来自于经验,而失败是成功之母,既然要培养正确的投资判断力,必须要经过一次或几次失败,何不趁年轻钱不多时先经过一些判断失败的磨炼,到了有钱时,便能发挥出准确投资的判断力。

巴菲特1996年被美国《财富杂志》评定为美国第二大富豪,被公认为股票投资之神。他到目前为止已拥有数百亿美元的资产,这辈子的财富大多是从股市上赚来的。

他 11 岁时开始投资第一只股票，他把自己和姐姐的一点儿小钱都投入股市。刚开始，一直赔钱，他的姐姐也一直骂他，而他坚持要放三四年才会赚钱，结果姐姐把股票卖掉了，而他继续持有，最后的结果验证了他的想法。巴菲特十几岁时，在哥伦比亚大学就读，在那一段日子里，跟他年龄相仿的年轻人只会游玩或是阅读一些休闲的书籍，但他却大啃金融学的书籍，最终使得他在股票市场上得心应手、如鱼得水，钱越赚越多。1954 年，他集资并投资创办顾问公司。该公司资产增值 30 倍以上后，他解散公司，退还合伙人的钱，把精力集中在自己的投资上，最后巴菲特成为美国有史以来真正的金融大亨，曾稳坐美国首富多年。

巴菲特从 11 岁就开始投资股市，他之所以有如此众多的财富，这与他 60 年坚定的投资参与意识和从小就开始总结失败走向成功的宝贵经验是分不开的。

对于很多穷人来说，少的是金钱，多的是时间，决不可因为来日方长而不把投资计划提上日程。眼下有许多穷人生活的资金放任无序，他们以为“车到山前必有路”，理财的事儿可以往后放一放。或者干脆以“没有数字观念”、“天生不善理财”逃避这个问题，这都是对自己不负责任的态度。一旦被迫面对重大财务问题时，他们只有任命运宰割的份儿。事实上，任何一项能力都非天生就有，耐心学习与积累经验才是重点，你的理财规划进行得越早，享受回报的机会就会越多。

做到让钱生钱才能达到财务自由

一个人以自己的时间精力挣钱，充其量只能维持基本的生存条件，要发展，还得把眼光放在“钱生钱”上，在投入和产出之间获得效益。你应该想办法让自己拥有多种收入来源。如其中一种出了问题，会有其他收入来源支持着。

富字的下面是个田,而穷字的下面是个力,在古代,拥有土地、田野的人肯定是个富人,而只会干活出力的人一定是个穷人,中国人的确是世界上最聪明的民族,只用两个字就把富和穷的秘密表达清楚了。田地就是古人的资本,富人自己种不了那么多也不必亲自种那么多,他们把田租给穷人然后收取地租。穷人没有什么可经营的,他们能出卖的只有自己的力气了。

现代的富人没了那么多田地,他们的经营直接转向了金钱,即使只有 10 元钱,在有投资习惯的人眼里也是一种资本,他们首先想到的是这 10 元钱能给自己带来多少效益,他们知道,无论多么辉煌的收益都是来自 N 次小小投入的积累。这一积累终将有一天成为他们的主要收入,即非工资收入。富人的收入来自于他们的资产,如房地产租金、证券及他们的私有公司。他们不会为钱本身去上班工作。他们的非工资收入远远多于那些靠上班工作收入的人。富人们即使是在玩,他们的那些投资也能为他们产生收入和回报。

台湾有句俗语叫:“人两脚,钱四脚。”意思是钱有 4 只脚,钱追钱,比人追钱快多了。和信企业集团是台湾地区排名前5位的大集团，由和信企业集团会长辜振甫和台湾信托董事长辜濂松领军。外界总想知道这叔侄俩究竟谁比较有钱，有钱与否其实与个性有很大关系。辜振甫属于慢郎中型，而辜濂松属于急惊风型。辜振甫的长子——台湾人寿总经理辜启允非常了解他们，他说："钱放进辜振甫的口袋就出不来了，但是放在辜濂松的口袋就会不见了。"因为辜振甫赚的钱都存到银行，而辜濂松赚到的钱都拿出来投资。而结果是：虽然两个人年龄相差17岁，但是侄子辜濂松的资产却遥遥领先于其叔叔辜振甫。因此一生能积累多少钱，不是取决于你赚了多少钱，而是你如何理财。

我们民间有句俗语为：吃不穷，穿不穷，算计不到才受穷。这句话之所以可以代代流传，本身就说明靠智慧开源致富的理念是经得住岁月的考验的。如果一个人长期在贫穷的泥沼里打转转，那么一定是对自己现有的资金缺乏有效的经营。饮食起居的习惯可以影响一个人的健康，言谈举止的习惯可以表现一个人的修养，而用钱的习惯可以决定一个人的贫富。

人类渴望拥有的是自由，"不自由，毋宁死"。但自由要有钱作为保障，有钱就有更多的自由。如果你有足够的钱，那么你不想去工作或者不能去工作时，你就可以不去工作；如果你没钱，不去工作的想法显得太奢侈。所以你要追求财务自由而非职业保障。

怎样实现个人的财务自由呢？拥有多种收入来源和多次持续性收入，是一个人拥有个人财务自由和时间自由的基础。

过去，一个家庭的收入来源很单一。现在，很多家庭都有两个或两个以上收入来源，如固定工资加房屋出租的租金收入或其他兼职收入。如果没有两个以上的收入来源，很少有家庭能生活得非常安逸。而未来，即使有两个收入来源很可能也不足以维生。所以，你应该想办法让自己拥有多种收入来源。如其中一种出了问题，会有其他收入来源支持着。

假如你想多拥有一种收入来源,你可能会找一份兼职工作。但这并不是真正意义上的多种收入来源。因为你这是在帮别人“卖命”。你应该有属于自己的收入来源。

这个收入来源就是“多次持续性收入”。这是一种循环性的收入,不管你在不在场,有没有进行工作,都会持续不断地为你带来收入。

“你每个小时的工作能得到几次金钱给付?”如果你的答案是“只有一次”,那么你的收入来源就属于单次收入。

最典型的就是工薪族,工作一天就有一天的收入,不工作就没有。自由职业者也是一样,比如出租车司机,出车就有收入,不出车就没有;演员演出才有收入,不演出就没有;包括很多企业的老板,他们必须亲自工作,否则企业就会跑单,甚至会垮掉,这些都叫单次收入。

多次持续性收入则不然,它是在你经过努力创业,等到事业发展到一定阶段后,即使有一天你什么也不做,仍然可以凭借以前的付出继续获得稳定的经济回报。要想获得多次收入,通常有以下几种:

第一种方式,以一个作家为例,他在写书期间一分钱都赚不到,而是要等书出版后才会有报酬。这前后需要两年的时间,作家才能获得这个收入。但是,这种等待是值得的,此后,作家每半年就会收到一张相当优厚的版税支票。例如:金庸先生虽已退休隐居,但是每年的版税收入还是高达2000万元新台币。这就是持续性收入的威力——持续不断地把钱送入你的口袋。

第二种方式就是银行存款。存款达到一定数额,你不用上班靠利息也能生活。利息属于典型的多次收入,但是银行的利率太低。你想每个月拿到2000元新台币,差不多要有上百万元的存款,还要交5%的利息税。

第三种方式是投资理财。就是通过购买股票、基金、房地产等项目使你的财富升值。但这首先需要你有一笔很大的资金,而且还需要非常专业的机构帮你运作,才能确保你的投入产生稳定的经济回报。这种方式在国内还不够成熟，风险比较大。

第四种就是特许经营。像麦当劳、肯德基的老板即使什么都不做，每个月也能够获得全球所有加盟店营业额的4%作为权益金——因为你加盟了他们，就得向他们缴管理费用。

其实，有钱人真正的财富，不在于他拥有多少金钱，而是他拥有时间和自由。因为他的收入来源都是属于持续性收入，所以他有时间潇洒地花钱。

因此，财务自由不是在于拥有多少钱，而是拥有花不完的钱，至少拥有比自己的生活所需更多的钱。在有钱人看来，金钱数量的多少并不是问题的关键。问题的关键在于，我们怎样看待金钱，怎样根据自己的收入制定合理的开支计划。在获得财务自由的同时，我们还应关注精神的升华，获得心灵的宁静、平和。

【第十章】

0.9 >>>>>

整合关系：优化周围环境，圈子是财富的源头

穷人与富人的距离，是客观存在的，向富人学习，与其学习他们经商理财的模式，不如先学习他们的处世经验，人学其实也是商学的一部分。虽然我们每个人都有自己的喜恶，自己的个性，但是对于急需改变自己生活状态的穷人来说，有必要把赚钱与发展的概念提到首位。那种一个小圈子、三两个知己的交际生活对要创业和做生意的人绝对不适合。把人脉当做财源来经营，然后它才可能给你丰厚的回馈。

朋友是财脉的基础保障

现在干什么都讲人气，人气旺了，事业才会发达。在生意场上，你的顾客、同行乃至那些看起来无关紧要的小人物，都可以是你事业发展的助力或牵制，以经营财源的心情来经营人脉，以后的道路就会顺利得多。

商业社会,利益当先,这本来也无可厚非。尤其是对于穷人来讲,不凡事争取最大化效益,又怎能快速地脱贫致富?问题的关键在于你怎么去争,是寸土不让,让大家都忌惮你精明强干?还是有泱泱君子之风,先凝聚起宝贵的人脉来?

有一次,有人问华人首富李嘉诚之子李泽楷,父亲教了他哪些赚钱的秘诀。李泽楷说父亲教的不是赚钱的方法,只教了他做人处世的道理。李嘉诚这样跟李泽楷说,假如他和别人合作,在利益分配中拿 7 分合理,8 分也可以,那李家拿 6 分就行了。

也就是说:他让别人多赚 2 分。所以每个人都知道,和李嘉诚合作会赚到便宜,因此更多的人愿意和他合作。你想想看,虽然他只拿 6 分,但现在多了一百个人,他现在多拿多少分?假如拿 8 分的话,100 个人会变成 5 个人,结果是亏是赚可想而知。

不管是做生意还是交朋友,都要有长远的眼光,杀鸡取卵、急功近利的作风殊不可取。现在干什么都讲人气，人气旺了，事业才会发达。大家都以为与你合作利益最有保证的时候，你就拥有了宝贵的人脉资源，接下来的事情往往水到渠成，挡都挡不住。

日本人大仓喜八郎18岁时，在东京当了一个小营业员，21岁时，自己开了一个小海产品商店，生意时好时坏。一年之后，日本发生了大饥荒，东京地区食品奇缺。政府在大仓所住地区设了一个救济站，大量市民争先恐后地排起长队等待领救济大米。

大仓看见灾民们个个面黄肌瘦，心情十分沉重。在和灾民交谈中，他得知许多人虽然得到了政府救济的米，但仍然由于没钱买菜，吃饭问题无法解决。

大仓看着长长的灾民队伍，暗自作出一个重大决定，他大声说："我店里的货物，全部送给你们了，你们请随便拿吧。"人们听了他的话都十分吃惊，在这个大饥荒的时候，许多商人都乘机抬高价格巧取豪夺，而他竟然要把自己的货物送给大家。群众都迟疑着，大仓又大声重复了自己的话，于是许多人都拥进大仓的小店，开始争抢他的货物。

有人问他："小伙子，你是不是发疯了？"大仓笑着说："我并没有发疯，你看，这些灾民连饭都吃不上，当然也没钱买我的货。他们需要这些东西，我能给他们帮助，为什么不这么做呢？"听的人都十分感动。

灾荒过后，大仓喜八郎重新开始了他的事业。由于他在灾荒时对大家的照顾，众人对他的为人十分敬佩，都愿意光顾他的店铺。他的生意前所未有地好，店铺也越来越大，很快，大仓就成了当地巨富。后来，他成了明治时代很有名望的大人物。

以小换大，一本万利才是成功的，更是经典的。可话虽如此，又有几个人能做得到。

在生意场上，顾客固然是你财源的基础，同行间的交流合作也必不可少。在许多人的心目中，人生就是战场，充满着尔虞我诈、你死我活的斗争，根本没有什么人情好讲。其实不然，要想在商场不被竞争所淘汰，你就必须懂得广交朋友，善于用“情”，建立良好的人际关系。现代心理学和社会学的研究已证实，好人缘具有四大功能，或者说四大作用：

一是产生合力。我们常说的“人多力量大”，“团结就是力量”，“人心齐，泰山移”，说的就是这个道理。

二是形成互补。俗语说：一个篱笆三个桩，一个好汉三个帮。一个人，即使是天才，也不可能样样精通。所以，他要完成自己的事业，就必须善于利用别人的智力、能力和才干。在一个人开拓自己的事业时，总会遇到自己力所不能及的困难，这时，良好的人际关系则会助你一臂之力，为你扫清障碍。

三是联络感情。人是一种感情动物，他必须时刻进行感情上的交流，他需要获得友谊。

在迈向成功的道路上，要想坚持到底，仅仅依靠信念的支撑是不够的，还必须有友谊的滋润。好人缘会使你获得一种强大的力量和热情，在成功时得到分享和提醒，在挫折时得到倾诉和鼓励，这必将有助于你心理的平衡，从而使你有勇气迈向新的征程。

四是交流信息。在现代社会，可以说，掌握了信息就等于把握住了成功。一条珍贵的信息可以使人功成名就，腰缠万贯，而信息闭塞则可能会使人贻误战机，遗憾终生。

现代社会有个口号是“结交比你优秀的人做朋友”，它的积极意义在于与各界的精英们相交，可以开阔眼界，激励奋发之心。而从另一个方面说，各行各业的人都不可轻视，因为你不知自己会在什么时候碰到什么事。

广交朋友的好处是显而易见的，孟尝君的鸡鸣狗盗之徒就是最好的例子。

战国时期，孟尝君广招门客，这里面有干大事的人才，自然也有一些“三教九流”的闲杂人等。

有一次，孟尝君去秦国，秦昭王想让他做国相。有人劝秦昭王，说孟尝君是齐国人，凡事必先为齐着想。秦昭王就将孟尝君囚禁起来，想杀了他。孟尝君向秦昭王的宠姬求情，宠姬说：“把你的白狐皮袍子送我，我就让昭王放了你。”可当时袍子已献给了昭王。这时，一位门客说：“我去将它偷回来，以报知遇之恩。”那人在夜里学狗叫，从狗洞中潜入秦宫，取回白狐皮袍子，送给了宠姬。孟尝君得以自由，马上离开秦国，在夜半时分到了函谷关。秦昭王后悔放了他，立即派人去追。按规定函谷关的城门必须等到鸡叫时才开，孟尝君眼见无路可逃。宾客中有人学鸡叫，方圆的鸡连叫起来，城门大开，孟尝君一行人才得以出关。

这个古老的故事，对于我们的现实意义就是交友要“宽”，涉面要“广”，不忽视任何小人物。在一个人最需要的时候，连乞丐都有可能成为他的救星。因此，要学会理解别人，了解他人的心里感受，重视身边所有的人，投入自己的感情，这样才会“得道多助”。

在现代社会，穷人与富人只是一个相对的概念，穷人身边，依然也存在着弱者。在职场上，那些刚进入公司的新同事，清洁、保安等人员，是小人物；在商场上，那些后起步的同行，跑街看店的小伙计，是小人物；在日常生活中，那些遭遇失意和不幸的人，也是小人物。与每个人都诚意相交，也许有一天，他们就是支持你事业发展的潜在力量。

虽然我们每个人都有自己的喜恶，自己的个性，但是对于急需改变自己生活状态的穷人来说，有必要把赚钱与发展的概念提到首位。那种一个小圈子、三两个知己的交际生活对要创业、做生意的人绝对不适合。把人脉当做财源来经营，然后它才可能给你丰厚的回馈。

朋友关系要长期经营维持

古人早有定论：投资普通生意，可获得一倍的收益；投资古董珠宝，可获得十倍的收益；投资人情，可获得百倍以致无限多的收益。冷庙烧香，结交尚未发迹或一时落魄的人物，都是眼光长远的人情投资。

在生活中，有这样一种现象：遇到什么难解之事时，有人身边马上出现帮忙捧场的人，群策群力，多大的难事儿都能应付；有人却两眼一抹黑，不知道该去求谁。前者是天生的幸运吗？非也，命运是公平的，从来不会无理由地宠爱或薄待某一个人。那么他是有人缘，有关系吗？可以这么说。但是所谓交情，平日不去“交”，关键时刻哪来的“情”？

现代人生活忙忙碌碌，没有时间进行过多的应酬，日子一长，许多原本牢靠的关系就会变得松懈，朋友之间逐渐互相淡漠。这是很可惜的。谁做事业都离不开他人的支持，所以即使再忙，也别忘了沟通感情。否则，“急时抱佛脚”，就不一定管用了。

真正善于求人的人都有长远的战略眼光，早做准备，未雨绸缪，这样，当他在需要时就会得到意想不到的帮助。

唐代京城中有位窦公，聪明伶俐，极善理财，但他却财力绵薄，难以施展赚钱本领，没有办法，他只好先从小处赚起。

他在京城中四处逛荡，寻求赚钱门路。某日来到郊外，却见青山绿水，风景极美，有一座大宅院，房屋严整。一打听，原来是一位权要宦官的外宅。他来到宅院后花园墙外，看见一个水塘，塘水清澈，直通小河，有水进，有水出，但因无人管理，显得有点零乱肮脏。窦公心想：生财路来了。水塘主人觉得那是块不中用的闲地，就以很低的价钱卖给了他。

窦公买到水塘，又凑借了些钱，请人把水塘砌成石岸，疏通了进出水道，种上莲藕，放养上金鱼，围上篱笆，种上玫瑰。

第二年春天，那名权要宦官休假在家，逛后花园时闻到花香，到花园后一看，直馋得他流口水。窦公知道鱼儿上钩了，立即将此地奉送。

这样一来，两人成了朋友。一天，窦公装作无意地谈起想到江南走走，宦官忙说："我给您写上几封信，让地方官吏多加照应。"

窦公带了这几封信，往来于几个州县，贱买贵卖，又有官府撑腰，不几年便赚了大钱。

窦公为了钓到宦官不惜血本作钓饵，又耐性极好，鱼儿上了钩却浑不自觉。他的这种技巧乃"放长线，钓大鱼"。

这是一则发生在唐代的小故事，但看起来与我们今天的人情世故也没有什么不同。做人情，做得多不如做得巧，在有意无意之间，投其所好，往往会收到意想不到的效果。除此之外，还有一条紧要的原则是，处关系赶冷场而不趋热门，也是一种事半功倍的感情投资。

某企业的董事长交际手腕高人一筹。他长期承包那些大电器公司的工程，对这些公司的重要人物常施以小恩小惠，这位董事长的交际方式的不同之处是：不仅奉承公司要人，对年轻的职员也殷勤款待。

谁都知道，这位董事长并非无的放矢。事前，他总是想方设法将电器公司内各员工的学历、人际关系、工作能力和业绩做一次全面的调查和了解，认为这个人大有可为，以后会成为该公司的要员时，不管他有多年轻，都尽心款待,这位董事长这样做的目的,是为日后获得更多的利益做准备。他明白,10 个欠他人情债的人当中有 9 个会给他带来意想不到的收益。他现在做的亏本生意,日后会利滚利地收回。

所以,当自己所看中的某位年轻职员晋升为科长时,他会立即跑去庆祝,赠送礼物。年轻的科长,自然倍加感动,无形之中产生了感恩图报的意识。董事长却说:"我们企业公司有今日,完全是靠公司职员的抬举,因此,我向你这位优秀的职员表示谢意,也是应该的。"

这样,当有朝一日这些职员晋升至处长、经理等要职时,还记着这位董事长的恩惠。因此,在生意竞争十分激烈的时期,许多承包商倒闭的倒闭了,破产的破产了,而这位董事长的公司却仍旧生意兴隆,其原因是由于他平常关系投资多的结果。

纵观这位董事长的放长线手腕,确有他"老姜"的"辣味"。这也揭示求人交友要有长远眼光,要注意有目标地进行长期感情的投资,有时候,甚至要牺牲一点眼前的利益而为长远的目标铺路。

如果你觉得以上的处世原则过于功利,与我们"做人要厚道"的大原则不符。那么可以在事后做得圆满一些,不为自己的人格抹黑。

这里面最重要的一点就是善始善终,不能一味被利益牵着鼻子走。

一个性格成熟的人做事有自己的原则,不是摇摆不定的墙头草,让人一眼就可以分辨出来。"易反易覆小人心",自己打嘴巴的人,如何能取得他人的信任?

世故与成熟不能同日而语。有人把老谋深算、圆滑世故看成成熟,是为人处世、求人办事的窍门,其实不然。因为老练成熟才是社交中的"上乘"修养,而圆滑世故,则很难让人恭维。世故的人不一定就是成熟,成熟的人也不一定必须世故。成熟的人让人想接近,世故的人却使人敬而远之。

不知道你是不是有这样的经验。你到一个服装店去买衣服,店主一开

始热情地介绍这介绍那，你的心里很舒服，可试了几件后，没有一件合适的，最后决定不买了。如果店主马上对你冷淡下来而去做别的事，你马上就会意识到他最初的热情只是为了做自己的生意。你一旦清楚这一点，马上就会对这个店主的性情有些看法，虽然人与人之间是互惠原则，但互惠的不仅仅是物质，还有精神。对这种世故之人，你可能会很反感，以后可能再也不会去光顾他的服装店。

而一个处世成熟的人，是不会这么去做的，即使是做不成生意，他依然对你热情有加，从感觉上就很亲近，会让你这次没买成衣服，下次还会去光顾。成熟者在处理人与人关系上，坚持互惠互利、互帮互进的态度，有福共享，有难共当，患难时见真情。世故者考虑问题时以利益为先，交往的热情与有用程度成正比。

虽然在今天的商业社会里，"利益"与"感情"的事儿不可能分得太清楚，但人毕竟还是要讲感情的。一个既有交际手腕，同时也重感情、讲义气的人，才能赢得人们更多的、更长久的信任。

结交贵人，使你的财富快速增长

人际关系包括人缘关系、业务关系、办事渠道、信息来源等。它是一种十分微妙的东西，可以说无处不在，无时不在。在一个商人的交际网络中，涉及的面越广，有分量的人物越多，要做的事业就越顺。

穷人与富人的距离，是客观存在的，借鉴富人的思维方式和做事的方法，是穷人致富的一条切实可行之路。向富人学习，与其学习他们投资理财的模式，不如先学习他们的处世经验，人学其实也是商学的一部分。

商人的所有活动都要同人打交道，是一个人际关系高接触的职业。比尔·盖茨说过一句话：高科技与高接触同样重要。

生意场，也是公关场，没有一定的人际关系网，做生意简直寸步难行。人际关系包括人缘关系、业务关系、办事渠道、信息来源等。它是一种十分微妙的东西，可以说无处不在，无时不在。人际关系是一张网，我们就是网上一个个的结点，这是商人的一笔无形资产。有了这样一张网，做起生意来会如有天助，会收到事半功倍的效果。

印尼著名华侨企业家林绍良，在创业的艰难历程中，得到了前总统苏哈托的帮助，使本来毫无希望的事业变得大有希望，也使一个身无分文的创业者成为富甲一方的商业巨人。

1917年9月7日，林绍良出生于中国福建省福清县海口镇本宅村。1938年，他抵达印度尼西亚（下文简称印尼）谋生。当时的印尼与中国一样，烽火连天，经济不景气，要赚钱，谈何容易。

日本投降后，印尼宣告独立，但荷兰军队又卷土重来，印尼重新处于战火纷飞之中。

林绍良凭借多年积累下来的行商经验和广泛的社会关系，冒着风险为印尼游击队源源不断地输送武器弹药和医药用品等物资，表现很突出。

在支前活动中，林绍良认识了许多印尼军官，其中一个就是后来担任总统的苏哈托，当时苏哈托是中校团长。每当苏哈托的部队陷入经济窘境之时，林绍良都义不容辞地给以有力支持。苏哈托十分感激，为林绍良突破重重包围把丁香运到新加坡贩卖提供保护，两人结下深交。

1949年，印尼赶走了荷兰军队，赢得了民族独立。但战后的印尼，百业凋敝，经济极度困难。不过，这正是抱负者施展才干得好时机。林绍良不满足贩卖丁香，他把活动中心从古突士迁到首都雅加达。

林绍良利用与总统苏哈托的关系，使事业飞速发展。

1954年，林绍良开设肥皂厂，接着是开纺织厂、铁钉厂、自行车零件厂。1957年，他创办了今日印尼最大的私营银行——中亚银行。20世纪60年代中期，林绍良创办了根扎那企业集团，拥有三十多家银行、建筑、水泥、钢铁等行业的企业公司。

1968年，他获得了政府给予的丁香进口专利权。此后资金滚滚而来，事业得以迅猛发展。当年，印尼政府把全国生产面粉的三分之二专利权交给了他。他很快就建起了两座规模庞大的现代化面粉加工厂。1975年，林绍良投资1亿美元建设狄斯丁水泥厂，这是印尼数一数二的大企业，据说其资产值已达25亿美元。同时，他还买了大面积的地皮，向房地产业发展。现在该集团成为印尼华人实力最雄厚的五大财团之一。

自古以来，政治与经济便是一对紧密相连的孪生儿。中国虽已稳步跨入市场经济的轨道，但源远流长的传统思想还存在，影响着这片神州沃土。在中国这种特殊的政治背景下，商海泛舟者若要取得商业上的辉煌业绩，除了从经济方面入手外，还需要从政治的角度着眼，来调整自己的商业行为。

人际关系是商人最重要的一项资产，在他的交际网络中，涉及的面越广，有分量的人物越多，要做的事业就越顺。

我们必须先把建立人脉关系的目的弄清楚。人脉关系不是表现爱的公开集会，而是为符合双方持续需求所形成的一种关系。你付出，便有收获；没有付出，就没有收获。

有些人脉关系建立于纯粹的友谊上，有些则根据需要而来。我们与朋友来往，是因为我们喜欢他们；我们与其他人来往，是因为他们有我们所需要的东西，反之亦然。重点是，如果你只与自己喜欢的人做生意，就无法在商业圈生存太久。

陈某是某市餐厅老板，他的餐厅是那个市里发展最快、最具规模的。

是他更具做生意的天赋？是他有强硬的后台？朋友和同行们在对他提出这个问题时，他说："统统不是。事实上，我不比其他人厉害，我只是有最佳的人脉关系。在做餐饮前，我就很注意与同餐饮业相关的人员打交道，到我开始做餐饮时，这些人已经是我的好朋友了。在他们的帮助下，我才能很顺利地开展生意。此后，我继续扩大自己的交际圈，这些人里有捧场的、帮忙的、解决难题的，他们都给了我很大的帮助，没有他们，我单枪匹马根本不可能创下这份家业。"

"即使是现在，我也仍和这些新朋旧友关系密切，我们互帮互助，相互提携，大家都很开心。事实上，我自己认为，从某个方面而言，这些人是我最大的财富！"

结交"贵人"和营造人脉的前提是认识更多的人。我们大多数人都是生活在一个既定的生活圈子内，只要留心，看看自己的生活范围，是不是在很长时间内都没有什么变化——既没有增加新的朋友，也没有新类型的社交活动。更经常的情况是，一年年过去后，我们交往的依然是熟悉得不能再熟悉的人，出入的是闭上眼睛都想得出路的地方。这样的生活很舒适，没有陌生人的地方，我们可以充分放松自己，因为陌生的环境和陌生人总会因为不了解而给我们造成心理上的紧张。面对一个全新的环境，不同的面孔，不同的生活习惯，那种陌生和因之而来的寂寞相信在每个人心灵上都留下很深的印象。但人脉建设就是要跨越这种熟悉带来的“舒适地带”，转而开创一个更新、更广的生活圈子。

采取主动的姿态参与各种社交活动是拓展交际圈子的一个必然途径。我们可以选择一个社团，加入一个健身俱乐部、一个舞蹈团体、棋牌俱乐部，任何一个团体都可以，然后活跃其中。选择你自己喜欢的就好，认识里面的人，然后建立你的网络。如果你是一位女性，常参加周末社区里的妇女们主办的美容或者烹饪沙龙，也可以得到意外的收获。不论是什么形式，可以确定的是，许多有用的闲话就在那儿散布，友谊和罗曼史也常常在那里产生。任何你能想到的地方，都是结交“贵人”的一个绝佳场所。

在穷人创富的事业中，若是遇到了贵人相助，有了贵人的提携，那无疑是锦上添花，使你平步青云，或者至少会使你少走许多弯路。因此说，在实现人生梦想和野心的过程中，找到自己的贵人，并博得他们的信任和赏识，是成功的重要步骤。

努力推介自己，构筑成功的朋友链接

广泛与人交往是机遇的源泉。交往越广泛，遇到机遇的概率就越高。穷人要想变成富人，就必须建立一个自己的人际关系圈子，只要有人肯帮你，为你提供机会或者信息，你才有可能迎来自己人生的转机。

要成功地组织自己的人际关系网络，你不仅需要用常识去“感悟”，还要用行动去“执行”。“人际关系的意义，其实要比通常大家认为的要深远得多。”这是《不上，则下》一书的作者维斯在访问了三百多位成功的实业家之后得出的结论。虽然，他们每一个人都有如何一步步上升到金字塔最顶层的精彩故事，但是他们都毫不吝啬地把自己的成功归功于身旁人的帮助和提拔。

根据美国著名作家达利的说法，人际关系网络的建立绝非一日之功，它是一个人数十年积累的结果。如果你到了30岁时还没有建立起属于自己的人际关系网络，那么你就有点危险了。

穷人要想变成富人，就必须建立一个自己的人际关系圈子，你要知道仅仅凭借你一个人的力量是微不足道的。只要有人肯帮你，为你提供机会或者信息，你才有可能迎来自己人生的转机。

1929年，乔·吉拉德出生在美国一个贫民窟。从懂事时起，他就开始擦皮鞋、做报童，然后干过洗碗工、送货员、电炉装配工和住宅建筑承包商等。35岁以前，他只能算个全盘的失败者，患有严重的口吃，换过40个工作仍然一事无成，再往后，他开始步入推销生涯。

乔·吉拉德经历过许多失败，在一次惨败后，朋友都弃他而去。但乔·吉拉德说："没有关系，笑到最后才算笑得最好。"

没想到，这样一个不被看好，而且背了一身债务，几乎走投无路的人，竟然能够在短短的3年内被吉尼斯世界纪录称为"世界上最伟大的推销员"。他至今还保持着销售昂贵商品的空前纪录——平均每天卖6辆汽车！他一直被欧美商界称为"能向任何人推销出任何产品"的传奇人物。

他有一个习惯：只要碰到一个人，就马上会把名片递过去，不管是在街上还是在商店。他认为生意的机会遍布每一个细节。他还认为，推销要点不是推销产品，而是推销自己。他说，"如果你给别人名片的时候，想这是很愚蠢、很尴尬的事，那怎么能给出去呢？恰恰相反，那些举动显得很愚蠢的人，正是那些成功和有钱的人。"

他到处用名片，到处留下他的味道、他的痕迹，人们就像绵羊一样来到他的办公室。去餐厅吃饭，他给的小费每次都比别人多一点点，同时主动放上两张名片。因为小费比别人的多，所以大家肯定要看看这个人是做什么的，分享他成功的喜悦。

人们在谈论他，想认识他，根据名片来买他的东西。长年累月，他的成就正是来源于此。在他看来，不可思议的是，有的推销员回到家里，甚至连妻子都不知道他是卖什么的，为此，他呼吁道："从今天起，大家不要再躲避了，应该让别人知道你，知道你所做的事情。"

人缘主要是个人与众人的感情联系。一个人应有自己的个性，但为了事业成功，为了大家能接受自己，也必须适当争取人缘。而人缘作为一种人与人感情联系的结果，是人们平时努力争取得来的。

广泛与人交往是机遇的源泉。交往越广泛，遇到机遇的概率就越高。有许多机遇就是在与朋友的交往中出现的，有时甚至是在漫不经心的时候，朋友的一句话、朋友的帮助、朋友的关心等都可能化作难得的机遇。在很多情况下，就是靠朋友的推荐、朋友提供的信息和其他多方面的帮助，人们才获得了难得的机遇。

每一个伟大的成功者背后都有另外的成功者，而其他各方面有所建树的人是你所有资源中最大的资源。你要做的就是找到他们，构建有助于你的事业的"关系网"。

这个世界上，在各方面都有许多出类拔萃的人物，他们的影响是非同小可的，有志成功的人必须利用与他们接触的机会和他们建立良好的关系，这对个人的前途有时候至关重要。不要等待，一味等待只能使你错失良机，绝对不可能使你建立良好的人际关系，你应该积极的一步一步地去做，没有什么不好意思的。在各种场合，你有许多接触他人的机会。如果你想接近他们，让他们成为你人际关系网中的一员，你必须付出像那些西方议员一样的努力。假如你到一个新的环境中，如机关、企业、学校等，在彼此都不认识的时候，你要主动"出击"，以真诚友好的方式把自己介绍给别人。

如果你想多结交一些朋友，你就主动地了解对方的志趣爱好。你可以通过多种方式去得到他们这方面的信息，你要注意与其相处时积累一些有关他的情况，你可以通过他的朋友了解他的为人处世，你可以通过他的一些个人材料记录了解他。

曾有一位记者，当他要结交新朋友时，总是想方设法弄到他们的生日。他先是请教这些人，问他们生日是否会影响一个人的性格和前途，并借机叫他们把生日告诉他，然后他悄悄地把他们的生日都记下，并在日历上一一圈出，以防忘记。等这些人生日的时候，他就送点小礼物或亲自去祝贺，很快，那些人就对他印象深刻，把他作为好朋友了。

人与人之间接触越多，距离就可能拉得更近。这跟我们平时看一个东西一样，看的次数越多，越容易产生好感。我们在广播、电视中反复听、反复看到的广告，久而久之也会在我们心目中形成印象。所以交际中的一条重要规则就是：找机会多和别人接触。

经营好个人品牌,信誉是最好的财富

高尚的品格，是人性最高形式的体现，同时也是最好的投资本钱，它能最大限度地展现人的价值。财富是由美誉度、人脉、金钱三个重要部分组成，一个人一旦拥有好的个人形象“美誉度”，同时又有了良好的人际关系之后，不想成功也都难。

很多场合人们都在讲,要做事先做人,我们生活在社会中,财富创造更是一种社会行为。一个人离开了与他人的良好沟通与合作,在遇到困难时会显得孤立无助,还会丧失很多宝贵的商机,更无法进行现代意义上的财富创造,所以一定要重视人际关系。它是你拥有商业机遇、信息渠道和业务往来的重要途径。

志高老总李兴浩非常崇尚“财富是美誉度和人脉”的财富逻辑。李兴浩曾受邀为大学生做了主题为《财富·未来》的演讲,他讲道:“财富是由美誉度、人脉、金钱三个重要部分组成,一个人一旦拥有好的个人形象‘美誉度’,同时又有了良好的人际关系‘人脉’之后,不想成功也都难,自然而然就拥有了以上所说的财富。”

山本武信是做化妆品批发生意的。他 10 岁时就来到大阪,在一位化妆品批发商那里做学徒。他后来的生意窍门均来自学徒时的经验。他眼光独到,又重义气、讲交情,是生意场中难得的人。

山本武信立志要做国际贸易，把生意做到海外去。第一次世界大战期间，他的出口生意很火暴，赚了不少钱。由此，他便去银行贷款，备足大量货品，以适应市场需求。然而事情并不像山本武信所预料的那样，第一次世界大战结束后，出口停止，货品立刻滞销，他只好把大量的库存降价出售。然而贷款收不回来。开出去的支票很快也成了问题，虽然尽力挽救，却也回天无力了。就在这时，山本武信宣布破产，把自己的所有财物都交给银行处理，甚至连他太太的戒指和自己的金怀表也交了出去。

山本武信表现出了与一般人不同的品格，本来按惯例，这种情况下个人是可以保留一些生活日用品的，尤其是太太的饰物一类，是可以不动用的，但是山本武信坚持要拿出全部的东西，哪怕是一丁点值钱的东西。

后来银行经理对他说："山本先生，这一次的损失固然是你的责任，但战后生意的不景气，也不是你所能决定的。你负责任的诚意，我们很了解，可是也不必做到这种程度。你店里的东西，当然你要全拿出来，像这些身边的物品，就不必拿出来了，尤其是你太太的戒指……还是请你拿回去吧。"

对于银行的好意，山本领情，但执意不肯拿回。后来，银行为他的诚信所感动，不仅派人给他送去了太太的戒指，而且还给他带去了数额巨大的一笔钱款，作为无私援助，这是他无论如何都没有想到的，也正是这笔钱使他最后渡过了难关，重新在生意场上站立起来。

品格是世界上最强大的动力之一。高尚的品格，是人性最高形式的体现，同时也是最好的投资本钱，它能最大限度地展现人的价值。

极高的商业信誉对事业发展所带来的好处，也是显而易见的，毕竟守信是最有远见的"理性算计"。犹太钻石商海曼·马索巴曾经说过："要经营钻石，至少要制定百年大计，三代人是完成不了的。而且，经营钻石的人必须是受人尊敬的人，钻石生意的基础是取得人们的信赖。"也就是说，一定要建立起过硬的商业品牌信誉才行。

其实无论做什么生意，“钻石级”的信誉都是必不可少的。

在世界女性富豪榜上的大多数人，都是以继承遗产或者是夫妻共同创业和拥有财富的方式而出现在榜单上的，而张茵则不同，她是全世界最富有的白手起家、独立创业的女性之一。

张茵20世纪50年代出生在一个军人家庭，在八个兄弟姐妹中排行老大，她不仅要帮助母亲操持家务，还要照顾弟弟妹妹，从而养成了坚毅、要强、大度的个性。

1982年，在父亲被平反后，张茵终于有机会攻读她喜爱的财会专业，为她日后的成功奠定了良好的基础。随后，她先后担任深圳信托下属的一个合资企业的财务部部长、贸易部部长，她真诚直率，与香港金融界建立了良好的关系。随后又在一家贸易公司做包装纸的业务。

1985年，张茵来到香港，在一家中外合资贸易公司担任会计。一年以后，这家公司倒闭了。此时摆在张茵面前有三种选择：回广东，或者接受一份年薪6.41万美元的工作，或者创业。

最后，张茵选择了创业——怀揣着3万元的本金，她做起了废纸回收的生意。创业之初，张茵只能从低端做起，慢慢建立废纸回收网络，在资金方面，她通过香港银行贷款，一步一步地发展自己的事业。当时，废纸回收贸易已经在香港火暴起来，但该行业中的很多企业大多是通过往纸浆里掺水以获取更高利润。弱女子张茵从一开始就带头抵制这种做法。对道义的坚守，总要付出代价。张茵触犯了同行的利益，为此曾接到黑社会的恐吓电话，就连合伙人也欺骗她，偷偷往里注水，但她没有退缩，也没有害怕。最终，一个女子的正义与坚持感动了众多收废纸的商贩，大家都主动跟她做生意。

张茵在香港做生意的6年，正赶上香港的经济繁荣时期，她个人也完成了原始积累。

做生意不应该只是为了赚钱来供自己享受，还要想到要为他人、为社会做些有益的事，这样，才能赢得顾客，公司的形象也才更容易得到社会认可。只为自己打算而奋斗得来的成就是很容易失去的，而且，没有坚实的信誉基础，那么你的事业就很难取得进展，很难成功。